MANUEL

DU

JEUNE CULTIVATEUR

MANUEL

DU

JEUNE CULTIVATEUR

OU

LEÇONS AGRICOLES

A l'usage des Écoles Primaires

OUVRAGE RÉDIGÉ CONFORMÉMENT AU PROGRAMME OFFICIEL

Par Elie BREUIL

Médecin Vétérinaire,
Vice Président du Comice agricole de l'arrondissement de Brive,
Président de la Société Vétérinaire de la Corrèze, de la Creuse et de la Haute-Vienne,
Directeur de la « Revue Agricole du Centre. »

Aimes-tu tes enfants,
soigne tes terres.

[illegible] BUGEAUD.

PRIX : 1 fr. 50 c.

BRIVE
IMPRIMERIE MARCEL ROCHE,
1883

PRÉFACE

Ce livre est destiné aux écoles primaires.

En le lisant, en l'étudiant, la jeunesse des écoles rurales et urbaines apprendra à connaître cette science grande, noble et féconde qu'on appelle l'agriculture.

En effet, l'agriculture est la base fondamentale de la vie humaine; c'est à elle que nous devons le pain, le vin; c'est elle qui fournit à l'industrie les matériaux propres à faire des habitations, des voies rapides; c'est par ses richesses, ses trésors que, commercialement parlant, le Nouveau et l'Ancien monde se tendent mutuellement la main.

Les grands peuples ont honoré et honorent l'agriculture. « La vie des champs, a dit Columelle, est voisine, sinon parente, de la sagesse. » Suivant le vieux Caton : « C'est parmi les cultivateurs que naissent les meilleurs citoyens et les meilleurs soldats. » Et, selon un écrivain célèbre : « Il n'est personne, si grand seigneur, si grande dame que ce soit, qui doive craindre de se rabaisser en s'occupant d'un labeur aussi noble, aussi utile que celui de l'agriculture, et, je l'ajoute, d'une importance sociale si grande, au point de vue des mœurs comme au point de vue de la richesse nationale. »

L'agriculture est ennemie des troubles publics. Elle est, elle doit être pacifique.

Elle a en horreur : le rien faire.

Elle enseigne l'ordre, l'économie, le travail, a prévoyance et la persévérance.

Elle enseigne aussi la surveillance des exploitations à ceux mêmes qui ne sont pas appelés à mettre la main à la bêche ou à la charrue.

*
* *

Le *Manuel du jeune cultivateur* est divisé en six livres et comprend quarante leçons agricoles.

Le premier livre parle de la constitution des terres, des organes des plantes, des animaux domestiques, de la climatologie.

Le deuxième relate l'amélioration des sols, c'est-à-dire l'étude des engrais, des irrigations, des dessèchements, des labours, des défrichements.

Le troisième mentionne les cultures sarclées, la culture des céréales, les pâturages, les prairies, les assolements.

Le quatrième a trait à la sylviculture, à l'arboriculture et à l'horticulture.

Le cinquième renferme l'hygiène des animaux de la ferme.

Enfin, le sixième traite de la comptabilité, formule les occupations mensuelles du cultivateur et sert ainsi à guider les élèves dans les promenades agricoles.

Voilà, en deux mots, l'esquisse de ce petit ouvrage que nous avons rédigé spécialement pour la jeunesse et cela, conformément au programme officiel.

*
* *

A la suite de ce traité nous consacrons quelques pages à l'*hygiène dans ses rapports avec la profession agricole*.

Nous pensons que cette partie — rédigée avec soin par un médecin militaire, praticien de grand mérite — sera lue avec beaucoup d'intérêt au foyer domestique.

Imprimer une bonne direction à l'éducation physique de l'enfant, entrer dans quelques considérations sur l'hygiène de l'habitant des campagnes, et, par dessus tout, chercher à combattre les *préjugés* encore enracinés dans nos villages, tel est ce livre supplémentaire de notre très distingué collaborateur.

*
* *

C'est dire que le *Manuel du jeune cultivateur* a sa place marquée à l'école, à la ferme et au foyer domestique.

Elie BREUIL.

MANUEL DU JEUNE CULTIVATEUR

OU

LEÇONS AGRICOLES

LIVRE Ier

Terres. — Plantes. — Animaux. Saisons. — Climats.

PREMIÈRE LEÇON

Étude des sols au point de vue de leur formation, de la direction de leur surface, de leur altitude, de leurs propriétés physiques et de leur composition. — Étude des sous-sols.

Des sols. — On entend par *sol, terre, terre arable* ou *terre végétale*, la couche supérieure des terrains agricoles propres à la culture, c'est-à-dire cette couche de terre qui, convenablement travaillée et fumée, reçoit les racines des végétaux et contribue à les nourrir.

Formation des sols. — Les sols sont formés, ou ont pour base, des matières terreuses qui proviennent des couches qui les supportent et qui ont été désagrégées par la chaleur, les agents atmosphériques et la main de l'homme.

Ou bien encore, les sols ont pour base des terres, des sables, du limon déposés par les eaux et différant, quelquefois d'une manière complète, des terrains sous-jacents.

Direction des sols. — Un sol est plus ou moins *horizontal*, plus ou moins *incliné*.

Un sol *horizontal* est très peu éprouvé par les orages. Les travaux y sont faciles. Mais les labours deviennent difficiles, impossibles même, quand les sols sont fortement *inclinés*.

Cependant une légère inclinaison des sols facilite les

desséchements sans augmenter sensiblement les frais de labour.

Altitude des sols. — Au point de vue de la *température*, l'altitude ou l'élévation des terrains produit le même effet que le rapprochement vers les contrées septentrionales.

L'altitude ou l'élévation des sols varie aussi suivant les *contrées*.

Les contrées environnantes peuvent encore exercer une certaine influence sous le rapport de l'agriculture et de l'hygiène.

En outre, la végétation et le mode de culture varient suivant que les sols sont exposés au midi, au nord, à l'est ou à l'ouest.

Propriétés physiques des sols. — Il est important de connaître les propriétés physiques des terrains agricoles, sous le rapport de leur ténacité, de leur perméabilité, de leur capillarité, de leur couleur, de leur profondeur.

Ténacité. — Une terre arable doit être assez tenace, assez consistante pour que les plantes puissent être soutenues contre les vents, les orages; elle doit être assez perméable pour que les racines et les agents atmosphériques puissent y pénétrer facilement.

L'argile prédomine dans un terrain trop compacte, cette prédominance existe pour la silice dans un sol trop léger.

Perméabilité. — Si le sol est imperméable, comme dans les terres glaises, les végétaux y pourrissent.

Le sol ne doit pas être non plus trop poreux, trop graveleux, car les plantes sont susceptibles de souffrir de la sécheresse.

Capillarité. — La capillarité est l'ensemble des phénomènes qui se passent dans le contact des liquides avec les solides.

C'est par la capillarité que l'humidité s'élève des couches inférieures de la terre vers sa surface.

On augmente la capillarité des terres en les travaillant, en émiettant les sols compactes, en déposant dans les fonds limoneux du sable et en mettant du limon dans les terrains graveleux.

Couleur. — Le terreau appartient ordinairement aux terres brunes; la tourbe, aux terres noires; le calcaire, aux terres blanches; les composés de fer, aux terres rouges.

Les terres blanches réfléchissent les rayons solaires; les terres foncées, au contraire, absorbent rapidement ces rayons et s'échauffent plus facilement.

Profondeur. — La valeur des sols augmente en raison de leur épaisseur ou profondeur.

Cette profondeur est très variable. Au delà de 35 centimètres, l'augmentation de l'épaisseur a moins d'importance.

La couche végétale est dite profonde, moyenne et faible lorsqu'elle dépasse 35, 15, 12 centimètres.

Un sol *profond* retient une plus forte proportion d'humidité : Les racines des plantes sont moins exposées à la sécheresse et au froid.

Les sols profonds conviennent aux luzernières, au tabac.

Les terres d'une *moyenne* épaisseur peuvent s'approprier à la culture des plantes à racines pivotantes : betterave, carotte fourragère, chanvre.

Les sols d'une *faible* profondeur suffisent à la culture des froments, seigles, avoines, orges, sarrasins.

Il faut tenir compte de la nature du sol et du climat quand on veut apprécier l'avantage de la profondeur de la couche végétale.

Composition des sols. — Les parties constituantes des sols sont le sable, l'argile, la chaux, le terreau.

Les éléments complémentaires ou accessoires des terrains sont la marne, le plâtre, l'oxyde de fer, les sels alcalins, etc.

Aucun sol n'est exclusivement composé d'un des éléments que nous venons d'indiquer.

Du sable, des sols sablonneux, des sols graveleux. — Le *sable* est une substance minérale provenant de la désagrégation des roches calcaires, granitiques et surtout siliceuses.

Les sables purs ou sables siliceux sont stériles, ils sont divisés à l'infini, et l'eau les traverse facilement.

Pour que les *sols sablonneux* soient propres à la culture, il faut une pulvérisation en partie des sables mêlés à du terreau.

Leur composition très variable consiste en sable et très peu d'argile et de terreau.

Sur une grande surface l'amélioration des terrains siliceux offre une grande difficulté.

Mais, sur une petite étendue, quand les sols sablonneux reposent sur des lits d'argile, il est facile de les améliorer par des labours profonds. Les argiles modifient sensiblement les sables en leur donnant plus de consistance. Les terres arables qui en résultent sont bonnes, et à mesure que les mauvais fonds sont bien cultivés et amendés pour la production des plantes utiles, les animaux subissent des modifications avantageuses.

Les *sols graveleux* sont stériles.

Sols volcaniques. — Les sols volcaniques sont très fertiles.

Les herbages de la Haute-Auvergne sont excellents.

Les plaines de la limagne d'Auvergne, de la Gironde et de la Charente sont d'une fécondité remarquable.

Les animaux y sont robustes et bien constitués.

De l'argile, des sols argileux. — *L'argile* est une terre qui varie sous le rapport de sa couleur et de sa consistance.

Elle est blanchâtre ou jaunâtre et sert à la confection des poteries, des briques, des tuiles, des tuyaux de conduite pour les eaux.

Elle absorbe une très-grande quantité d'eau.

Soumise à l'action de la chaleur, l'argile diminue de volume, se durcit, se fendille.

Les terres *glaises* sont des argiles contenant une grande quantité d'alumine.

Quand les argiles sont mêlées à beaucoup de carbonate de chaux on les appelle *marnes*.

Le *kaolin*, sorte d'argile blanche et très-pure, sert à fabriquer la porcelaine. Saint-Yrieix, dans la Haute-Vienne, fournit beaucoup de kaolin.

La terre absolument argileuse est improductive.

Mêlée à du carbonate de chaux, du sable et du terreau, l'argile peut constituer des sols propres à la culture, c'est-à-dire des *sols argileux*.

Les terres argileuses peuvent être humides, froides et fortes.

Les *sols humides* sont ceux où l'humidité disparaît lentement.

Les *terres froides* donnent des récoltes tardives.

Quand ces terres offrent à la charrue une grande résistance, qu'elles adhèrent fortement aux instruments aratoires, on les dit *terres fortes.*

Toutes les terres argileuses se crevassent sous l'influence de la sécheresse, ce qui peut détériorer plus ou moins les racines des plantes.

Les frais d'exploitation sont plus considérables pour les terres fortes que pour les terres légères.

Avec des calcaires on améliore les argiles en les rendant plus perméables.

De la chaux, des sols calcaires. — La *chaux* est une matière terreuse qu'on obtient par la calcination des pierres à chaux (carbonate de chaux). L'acide carbonique se dégage, et la chaux reste comme résidu.

Ce résidu est désigné sous le nom de *chaux vive.*

Arrosée avec de l'eau, la chaux s'échauffe beaucoup, se fendille avec bruit, dégage des vapeurs aqueuses, se boursoufle considérablement et se réduit en poudre : c'est ce qu'on nomme *chaux éteinte.*

Les *sols calcaires* renferment des carbonates de chaux, des composés de fer, de la potasse, de la soude, de l'argile, du sable siliceux.

L'argile les rend gluants par des temps pluvieux.

Quand il pleut la boue des routes siliceuses n'est pas tenace. le contraire arrive pour les routes calcaires.

Les terres argilo-siliceuses sont froides et produisent des herbages médiocres. Il n'en est pas de même des sols argilo-calcaires : la présence de la chaux provoque une grande fécondité.

Les terres calcaires, par leur nature, conviennent très bien à l'élevage du mouton.

Des sols tourbeux. — La tourbe, vase des marais, renferme énormément de matières organiques, elle contient moins de matières minérales.

Les tourbières sont plus rares sur les montagnes que dans les plaines.

Les pâturages sont mauvais quand les sols tourbeux

sont marécageux. Les carex, les joncs y poussent très facilement.

Les sols tourbeux s'améliorent par l'égouttement, ainsi qu'en leur faisant subir une certaine décomposition par l'emploi de la chaux, des alcalis. L'écobuage est pratiqué avec avantage.

Du terreau. — Le terreau, encore appelé *humus*, est un produit noirâtre résultant de la décomposition des débris de plantes et d'animaux.

Sa présence dans les terrains agricoles est indispensable à une végétation normale; mais il faut remarquer que la fertilité n'est pas proportionnelle à sa quantité.

Le mélange de détritus organiques et de terre calcaire constitue un *terreau doux*. Le terreau doux réclame des engrais animaux.

La terre de bruyère et la tourbe sont des *terreaux acides*.

Seul, le terreau constitue un très mauvais terrain.

Il sert de base à quelques pâturages et contribue à la nutrition des plantes en fournissant de l'acide carbonique que l'eau transporte à l'extrémité des racines.

Associé à l'argile, à la chaux et au sable, le terreau forme des terres arables.

Les fleuristes recherchent la terre dite *de bruyère* qui est composée de sable, d'argile et de matières organiques.

Sols mixtes. — Les terres dont nous venons de parler peuvent se mélanger en toutes proportions et former des variétés infinies de sols, dits *sols mixtes*, dont les types les plus répandus sont les terres *argilo-calcaires*, *argilo sablonneuses* et les terres *franches*.

Dans les terres marneuses cultivées, ou *sols argilo-calcaires*, l'argile et la chaux y dominent.

Les fonds argilo-calcaires où l'argile est prédominante sont de bonne qualité. Exemples, les herbages de Normandie, les plateaux de la Bourgogne où les blés jouissent de la réputation.

L'argile neutralise les médiocres effets du sable, et, les *sols argilo-sablonneux* sont plus ou moins mauvais suivant la proportion du mélange.

Les sols argilo-sablonneux sont composés d'argile, de sables, de calcaire et d'humus.

Il est à remarquer que dans ces terres la partie dominante est l'argile, d'autres fois c'est le sable.

Les *terres franches* composées de terreau, de chaux, d'argile et de silice, constituent des sols arables de bonne qualité.

La fertilité de ces terrains provient de la bonne proportion des matériaux que nous venons d'indiquer.

Étude des sous-sols. — Le *sous-sol* est la couche de terre qui supporte le sol arable.

Il faut considérer les sous-sols comme devant agir par leurs propriétés physiques, et il est avantageux qu'ils ne soient pas de la même nature que les sols.

Les sous-sols sont plus ou moins adhérents.

Quand ils ne sont pas adhérents, c'est-à-dire quand on les considère comme meubles, ils sont appelés sablonneux, argileux et marneux.

Dans les sous-sols sablonneux l'eau s'égoutte facilement.

Ces sous-sols sablonneux placés sous des sols argileux favorisent la réussite des récoltes.

Il n'en est pas de même quand les sols sont sablonneux ou siliceux, dans ce cas les récoltes ne réussissent qu'avec une année pluvieuse.

Les *sous-sols argileux* sont nombreux.

S'ils occupent une direction horizontale ils sont susceptibles de retenir beaucoup d'humidité, alors on est obligé d'avoir recours à des labours en billons, même aux travaux de dessèchements.

Les *sous-sols marneux* sont préférables aux sous-sols argileux.

Les *sous-sols en roches* sont adhérents, difficiles à être entamés par les instruments aratoires.

En considérant leur nature, leur direction et leur position, les sous-sols en roche favorisent plus ou moins la végétation.

DEUXIÈME LEÇON

Les plantes. — Leurs organes. — Fonctions de la végétation.

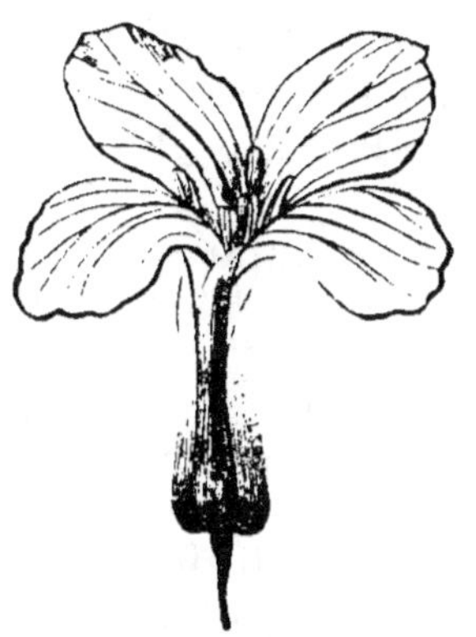

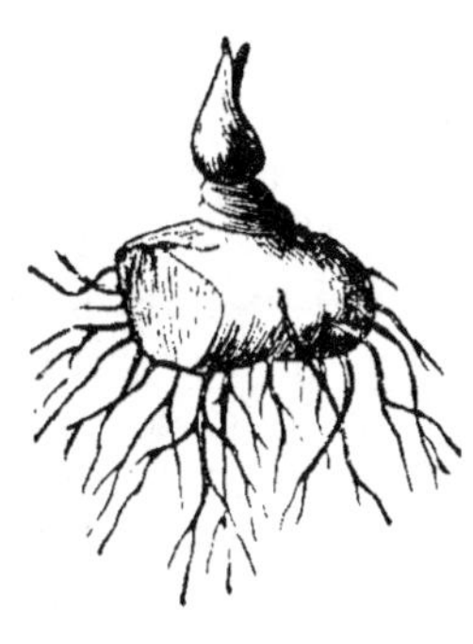

Les plantes. Leurs organes. — Les *plantes* sont des êtres organisés, insensibles et immobiles qui se nourrissent et peuvent se reproduire.

Les *organes des plantes* se composent de la racine, de la tige, des feuilles, des bourgeons et des branches, de la fleur, du fruit, de la graine.

La *racine*. — La racine croît en sens inverse de la tige.

Les dernières divisions de la racine s'appellent *radicelles*, l'ensemble de ces dernières constituent le *chevelu*.

La partie supérieure ou la base de la racine, c'est-à-dire le point de séparation entre la tige et la racine s'appelle *collet*.

Le *sommet* est l'extrémité inférieure de la racine.

Le *pivot* est le corps de la racine.

Il y a plusieurs sortes de racines : les racines *pivotantes*, comme la racine de betterave ; les racines *fibreuses*, comme les racines de froment ; les racines *rampantes*, comme les racines de chiendent.

Les racines n'ont ni feuilles, ni bourgeons normaux.

La *tige*. — La tige se développe dans le sens opposé à la racine dont elle est séparée par le collet.

La tige est *annuelle* (existence d'un an), *bisannuelle* (existence de 2 ans), ou *vivace* (existence de plusieurs années).

Selon sa consistance et son organisation, la tige est dite *herbacée*, *sous-frutescente* (sous-arbrisseau), *frutescente* (arbrisseau), ou *ligneuse* (arbre).

Les tiges offrent de nombreuses particularités de forme, de direction, etc.; ainsi les tiges peuvent être cylindriques, anguleuses, noueuses, sarmenteuses, volubiles, rampantes, etc.

La *feuille*. — La feuille est un organe appendiculaire à lame mince, naissant sur les tiges et les rameaux ou au collet de la racine.

La feuille se compose de deux parties : 1° du *pétiole* (partie retrécie) formant la base de l'organe ; 2° du *limbe* ou *lame* qui est la feuille proprement dite.

Les feuilles sont ovales, linéaires, filiformes, d'après leur figure; aigues, bifides, bilobées, d'après la disposition de leur sommet et les divisions du limbe; elles sont aussi lisses, velues, épineuses, etc.

Les *bourgeons*. — Le bourgeon est le premier âge d'une branche.

Les bourgeons à *feuilles* ou à *bois* donnent naissance aux branches et aux feuilles; les bourgeons à *fleur* ou à *fruit* constituent les boutons à fleur; les bourgeons *mixtes* réunissent les éléments ci-dessus indiqués.

Il ne faut pas confondre avec le bourgeon le turion, le bulbe et le tubercule. Ces derniers doivent être étudiés à part.

Le *turion* est surtout le bourgeon des jeunes pousses qui s'allongent beaucoup avant de produire des feuilles, comme celles de l'asperge, du houblon.

Le *bulbe* présente trois parties : le plateau, les écailles et les racines.

Le bulbe est pour ainsi dire un végétal qui, placé dans des conditions favorables, grandit et se développe.

Le bulbe est désigné ordinairement sous le nom d'oignon.

Le *tubercule* est un rameau souterrain, plus ou moins renflé, à forme très-variable, présentant à sa surface des œufs ou bourgeons susceptibles de donner naissance à une tige.

Les *branches*. — Les branches sont les divisions de la tige des végétaux; elles naissent toujours des bourgeons.

La *fleur*. — La fleur est l'ensemble des organes de la reproduction des végétaux.

Les organes sexuels ou essentiels de la fleur sont le *pistil*, au centre de la fleur, et les *étamines*, autour du pistil.

Les organes accessoires ou enveloppes florales sont le *calice* qui est à l'extérieur de la fleur, et la *corolle* qui se trouve entre le calice et les étamines.

Les fleurs présentent de très grandes variétés sous le rapport de leurs formes, de leurs dimensions, de leur coloration et de leur odeur.

Le *fruit*. — Le fruit, résultat de la fécondation, se compose de la graine et de son enveloppe ou péricarpe.

D'après la consistance du péricarpe, les fruits sont secs ou charnus.

Ils sont secs comme la cosse du haricot, la capsule du pavot.

Ils sont charnus comme la poire, la cerise.

La *graine*. — La graine a pour fonction de reproduire le végétal.

Les graines diffèrent beaucoup sous le rapport de leur forme, de leur surface et de leur couleur.

Les graines peuvent être farineuses, oléagineuses.

Fonctions de la végétation. — Dans les fonctions de la végétation nous ne considèrerons que l'absorption, les mouvements de la sève, la respiration, la dissémination et la germination.

Absorption. — Sous le rapport de la nutrition, les plantes absorbent principalement par les extrémités des racines.

Elles absorbent aussi par les feuilles et l'extrémité coupée des branches (bouture).

Mouvement de la sève. — La sève est le fluide nourricier des végétaux.

Elle s'élève des racines vers le sommet de la plante et redescend ensuite en fournissant les matériaux nécessaires à l'accroissement des plantes.

Dans le premier cas la sève est dite *ascendante*, dans le second la sève est *descendante*.

Respiration. — Les plantes respirent principalement par les feuilles.

Hales comparait les feuilles aux poumons des animaux.

Le phénomène de la respiration des végétaux a lieu sous l'influence du calorique et de la lumière. Les plantes exposées à la lumière absorbent de l'acide carbonique et dégagent de l'oxygène; tandis que, dans l'obscurité, le phénomène inverse se produit.

Dissémination. — La maturité de la graine coïncidant ordinairement avec celle du fruit, c'est alors que la dissémination commence, que les graines se dispersent, s'éparpillent naturellement sur la terre.

Parmi les causes nombreuses qui favorisent la dissémination nous pouvons citer : le vent, la pluie, l'intervention des hommes et des animaux.

Germination. — La germination est l'ensemble des phénomènes qui accompagnent le développement du germe dans les végétaux.

Si l'on place une graine dans des conditions favorables, conditions qui consistent en une certaine chaleur et en la présence d'une suffisante quantité d'humidité et d'air, cette graine se gonfle d'abord, ses enveloppes se ramollissent, se déchirent, puis sa *radicule* ou jeune racine sort, se dirige vers la terre, et la *tigelle* ou jeune tige se dirige vers la lumière en soulevant hors de terre un ou deux lobes appelés *cotylédons*.

Le cotylédon est un organe destiné à fournir à la jeune plante les premiers éléments nutritifs.

Quand la germination est terminée les cotylédons se flétrissent.

TROISIÈME LEÇON

Petites notions élémentaires sur les animaux domestiques.

Le cheval, l'âne, le mulet et le bardot appartiennent aux pachydermes; ils ont un seul doigt entouré d'une enveloppe cornée (sabot); un canon et deux périnés; six incisives, douze molaires, deux canines à chaque mâchoire, les canines sont petites ou elles manquent chez les femelles. Ils ont un estomac petit relativement à la taille des animaux; deux mamelles inguinales;

oreilles en cornet; impossibilité presque absolue de vomir.

Cheval. — Chez le cheval, la queue est garnie de crins dans toute son étendue: les châtaignes sont aux quatre membres; le pelage est uniforme.

Les races chevalines sont très-diverses en France, cela tient à la variété de son climat et aux vues divergentes qui ont provoqué l'établissement et qui commandent en quelque sorte l'entretien de ces races.

Nous divisons les races françaises en chevaux communs et en chevaux fins.

Parmi les *chevaux communs* se trouvent des races très-précieuses comme les chevaux bretons (Finistère), percherons (Eure-et-Loire), poitevins (Poitou), comtois (Doubs), boulonnais (Pas-de-Calais).

Les principales races de *chevaux fins* sont la race normande, la race de merlerault, les chevaux vendéens, limousins, de la plaine de Tarbes, les chevaux algériens.

Les chevaux de pur-sang sont l'arabe et l'anglais.

L'ancienne race limousine est éteinte. Dans le Limousin on élève des chevaux, mais on s'attache plutôt à la production du mulet, c'est plus rémunérateur.

En général, les propriétaires, les cultivateurs, les industriels du centre ont des chevaux de toute provenance, tels que des poitevins, des bretons, des landais, des chevaux du Causse (Lot).

Ane. — Chez l'âne la queue est pourvue de crins à l'extrémité seulement, les châtaignes manquent aux membres postérieurs, le pelage est généralement marqué de bandes transversales.

On distingue deux races bien caractérisées : la race du Poitou et celle de la Gascogne.

La race commune est de petite taille et se trouve un peu partout.

Mulet. — Le mulet est produit par l'âne et la jument.

Le Poitou, les montagnes du centre, la Gascogne et les Pyrénées sont les centres de productions les plus renommés.

Bardot. — Le bardot est issu de l'ânesse et du cheval.

Le bardot est employé aux mêmes travaux que l'âne et le mulet.

Espèce bovine. — Le bœuf présente les caractères suivants : vingt-quatre molaires dont douze à chaque mâchoire et huit incisives à la mâchoire inférieure; tête grosse; deux cornes frontales; queue en balai; corps trapu; membres terminés par deux doigts revêtus chacun d'un ongle; quatre estomacs; quatre mamelles inguinales.

Les principales races françaises sont les races salers (Cantal), d'Aubrac (Aveyron), garonnaise, gasconne, bazadaise, limousine, bretonne, normande, etc.

Le bœuf salers est très rustique, fort et tenace au travail. Il est très apprécié dans le centre comme animal de travail.

La race limousine est une excellente race de travail. Le limousin s'engraisse facilement et fournit une viande de très bonne qualité; sous ce rapport il est supérieur au salers.

La vache limousine ne donne pas de lait en abondance.

Au moyen de certains croisements — breton, normand, par exemple, — on augmente la sécrétion lactifère.

Espèce ovine. — Le mouton possède huit incisives à la mâchoire inférieure et vingt-quatre molaires, dont douze à chaque mâchoire; une tête busquée; cornes ridées plus ou moins contournées en spirales; deux mamelles inguinales; membres grêles; quatre estomacs; un canal dit *biflexe* entre les deux doigts.

Les races ovines françaises sont divisées en moutons français à *laine grosse*, à *laine commune*, à *laine fine*.

Les flamands, normands, bretons, landais, marchois appartiennent à la première division;

Les berrichons, poitevins, garonnais, ariégeois, les moutons du Larzac, les auvergnats, les lauraguais à la deuxième;

Les mérinos et leurs croisements à la troisième.

Espèce caprine. — Les principaux caractères distinctifs de la chèvre consistent dans la présence d'une barbe au menton, la brièveté de la queue, l'absence des sinus biflexes et le grand développement des mamelles.

La chèvre est commune dans les contrées montagneuses.

Elle fournit beaucoup de lait.

Espèce porcine. — Voici quelques caractères du porc : six incisives à la mâchoire inférieure; quatre ou six à la mâchoire supérieure; quatre canines dont deux à chaque mâchoire ; disque à l'extrémité inférieure de la tête, offrant un os dit *os du boutoir* ; quatre doigts à chaque pied, dont deux grands posent sur le sol ; queue grêle; peau recouverte de poils raides ou *soies*; douze mamelles inguinales et pectorales.

On peut grouper les porcs français d'après les provinces en raison de la manière dont ils sont élevés.

Par le croisement avec les races anglaises on obtient des résultats très avantageux.

Durée de la gestation chez les femelles domestiques. — La jument porte 11 mois et quelques jours; l'ânesse un peu plus; la vache 9 mois; la brebis et la chèvre 5 mois; la truie 4 mois; la chienne environ 63 jours; la chatte environ 58 jours; la lapine 30 jours.

Oiseaux de basse-cour. — Les oiseaux de basse-cour sont les poules, les pintades, les dindons (famille des gallinacés) ; les canards, les oies (famille des palmipèdes).

Poule. — La poule commune, celle que l'on trouve partout, est très productive. Elle fait beaucoup d'œufs.

L'incubation est de 21 jours.

Il existe des variétés très estimées : races de Crèvecœur, de Houdan, Cochinchinoise, etc.

Le poulailler ou habitation des poules doit être tenu proprement et exposé au Levant ou au Midi.

Pintade. — La pintade commune élevée dans nos basses-cours s'accorde difficilement avec les autres volailles.

Elle pond des œufs nombreux à coquille très dure.

Dindon. — Les œufs de la dinde ne sont pas estimés.

On engraisse les dindons quand ils ont de 6 à 8 mois.

Canard. — Le canard n'est pas délicat; on le laisse circuler dans les eaux courantes ou stagnantes.

Une cane donne par an 35 œufs en moyenne.

Oie. — L'oie commune est la plus répandue. Elle donne en moyenne 15 œufs par an. L'oie est engraissée en octobre et novembre.

QUATRIÈME LEÇON

De l'air atmosphérique et des vents. — De l'eau et des météores aqueux. — Du calorique, de la lumière et de l'électricité.

De l'atmosphère. — La presque totalité de la masse gazeuse qui entoure notre globe est formée d'*oxigene* et d'*azote*. Ces gaz constituent l'air atmosphérique proprement dit.

L'*oxigène*, dont le rôle est bien plus important que celui de l'azote, est indispensable à la germination et à la respiration des plantes et des animaux.

L'*ozone*, ou oxigène odorant, est le gaz que l'on obtient en décomposant l'eau au moyen de la pile. L'odeur de l'ozone rappelle celle du soufre et du phosphore.

L'ozone exerce plus d'influence sur la végétation et les engrais que l'oxygène.

Altérations de l'air. — 1° L'air peut être altéré par des gaz, les uns agissant comme asphyxiants, les autres produisant sur l'économie une action irritante et stupéfiante.

Gaz asphyxiants. — Les gaz qui occasionnent l'*asphyxie* sont l'acide carbonique, l'oxyde de carbone, gaz résultant de la combustion du charbon de bois, de la paille, des substances animales, de la houille, gaz résultant encore de la respiration et de la fermentation.

L'atmosphère qui contient une trop forte proportion d'azote est impropre à la respiration des animaux.

Gaz irritants et stupéfiants. — Le chlore, l'acide chlorhydrique, l'alcali volatil, l'acide sulfhydrique, le sulfhydrate d'ammoniaque, sont les principaux gaz *irritants* et *stupéfiants* qui, en altérant l'air, peuvent occasionner des empoisonnements.

2° Les émanations marécageuses, désignées sous le nom d'*effluves*, proviennent de la décomposition et de la fermentation des substances organiques renfermées dans la vase.

Le contact de l'air est nécessaire à la production des effluves, et le calorique facilite leur propagation.

Cette propagation est augmentée si les mouvements de l'atmosphère sont impétueux.

3° Les émanations putrides et les miasmes vicient sensiblement l'air.

Les *émanations putrides* proviennent des substances animales mortes et en état de décomposition.

Les *miasmes* sont fournis par le corps des animaux vivants.

4° Les végétaux nuisent à la salubrité de l'atmosphère.

Pendant le jour les végétaux absorbent du carbone et dégagent de l'oxygène.

Dans l'obscurité, les végétaux dégagent de l'acide carbonique. Aussi, n'est-il pas prudent de passer la nuit dans un appartement qui renferme des plantes.

Des vents. — Les vents sont des déplacements des couches d'air qui nous environnent.

Les vents agissent variablement sur les plantes et les animaux selon qu'ils sont réguliers ou irréguliers, chauds ou froids, modérés ou violents.

Eau. — L'*eau* existe dans la nature à l'état *solide* (glace), à l'état *liquide* et à l'état de *fluide élastique* (vapeur).

L'eau est composée d'*oxygène* et d'*hydrogène*.

L'état de pureté des eaux est très rare.

Les eaux sont distinguées en *eaux douces*, en *eaux de mer* et en *eaux minérales*.

Les *eaux douces*, appelées eaux potables, servent de boissons ordinaires.

Les *eaux de mer*, par les sels divers qu'elles renferment, fertilisent les terres.

Les fourrages salés sont salubres et produisent de bonne viande.

Les *eaux minérales* proviennent du sein de la terre. Les unes sont froides, les autres thermales et agissent diversement sur les plantes et les animaux.

Météores aqueux. — Sous la désignation de *météores aqueux* nous mentionnons les *brouillards*, la *pluie*, la *rosée*, la *gelée blanche*, la *neige*, la *grêle*, les *inondations*.

Les *brouillards* sont des masses de vapeurs d'eau qui troublent la transparence de l'atmosphère.

Les brouillards sont nuisibles quand ils exercent une action directe sur les plantes, ils font couler la vigne, le blé, tachent les fruits, charbonnent les grains.

Les brouillards occasionnent des refroidissements, des catarrhes, des hydropisies, la pourriture.

La *pluie* est la chute de l'eau provenant de la condensation des vapeurs qui s'élèvent du sol.

Il pleut plus souvent dans le Nord que dans le Midi, plus souvent sur les lieux élevés que dans les lieux bas.

Il est difficile d'introduire dans le Midi les cultures et les animaux qui prospèrent dans le Nord.

Les pluies sont favorables quand elles sont de *courte durée*.

Elles sont nuisibles à l'agriculture si elles sont *continues*.

La *rosée* est le dépôt en gouttelettes sur les corps, pendant la nuit, de la vapeur condensée.

La rosée est fort utile dans quelques régions du Midi en fertilisant la terre et en nourrissant les plantes.

Les animaux sont susceptibles de contracter de graves maladies quand on leur distribue des fourrages couverts de rosée.

La *gelée blanche* se dépose sur les corps comme la rosée, avec cette différence que la température de la vapeur condensée est au-dessous de zéro.

L'eau gelée nuit aux animaux.

La gelée blanche est redoutable surtout au printemps, ainsi une seule matinée de mai suffit pour détruire le raisin, etc.

La *neige* est de l'eau solidifiée en petits cristaux flottant dans l'atmosphère.

La neige préserve les plantes du froid en s'opposant au rayonnement du calorique de la surface de la terre.

Relativement à sa composition, on peut considérer la neige comme un engrais pour les terres.

La *grêle* est formée par des globules de glace, plus ou moins volumineux, qui tombent de l'atmosphère.

La grêle est toujours nuisible à l'agriculture.

Les *inondations*, d'une manière générale, abiment

les terres, détruisent les récoltes, avarient les fourrages, altèrent l'air et infectent les boissons.

Du calorique, de la lumière, de l'électricité. — Le calorique, la lumière et l'électricité sont des agents impondérés qu'il est nécessaire d'étudier sous le rapport agricole.

Le *calorique* a la propriété de faire passer les solides à l'état liquide, et les liquides à l'état de vapeur.

Les animaux possèdent une température propre, une certaine quantité de calorique appelée *chaleur animale*.

Les phénomènes respiratoires sont les principales *sources* de la chaleur animale.

Le calorique est indispensable chez les êtres organisés, il exerce une salutaire influence sur les plantes et les animaux.

Les variations de température sont favorables à la santé, il faut néanmoins garantir les animaux en les préparant convenablement aux transitions de température.

La *lumière* produit des effets généraux sur les êtres vivants.

Les plantes privées de lumière sont pâles, fades, insipides, étiolées.

La lumière est favorable au développement des jeunes animaux.

Dans les étables, les écuries, il faut prévenir les effets de la lumière directe en garnissant d'auvents les fenêtres si elles sont en face des animaux.

L'*électricité* agit sur toute la matière.

La germination est activée par une journée orageuse, il en est de même de la croissance des plantes et de la maturation des fruits.

A l'approche d'un orage les animaux sont inquiets, surexcités et sont piqués avec un certain acharnement par les insectes.

Par un temps ordinaire, le fluide électrique de l'atmosphère produit à peine des effets sensibles.

CINQUIÈME LEÇON

Des saisons. — Des climats.

Des saisons. — L'année est divisée, par les astronomes, en quatre parties ou saisons astronomiques nommées : *hiver, printemps, été* et *automne*.

Les agronomes divisent l'année en saisons agricoles et les vétérinaires, en saisons médicales.

Le mot temps peut être employé comme synonyme du mot saison : *saison* ou *temps* des froids, *saison* ou *temps* des travaux.

Hiver. — L'hiver dure du 20 ou 21 décembre au 20 ou 21 mars.

Dans cette saison les êtres organisés sont engourdis, la végétation est suspendue, les herbivores sont entretenus généralement à l'étable.

Suivant le temps on exécute les premiers labours, les défrichements, les labours de défoncement, on transporte les pierres, le sable, la marne, la chaux, on ferre les chemins, on nettoie les prés, on élague les arbres et les haies.

On doit songer à faire beaucoup de fumier.

Les semailles de prairies annuelles se font avant la fin de cette saison, il en est de même des carottes, des betteraves, des avoines et des orges.

L'hiver est la saison la plus favorable pour l'engraissement.

On ne continue pas le pâturage, surtout après la Noël. Les étables doivent être bien aérées et tenues dans une grande propreté.

Printemps. — Le printemps commence le 20 ou 21 mars et finit le 21 ou 22 juin.

Cette saison est favorable à la végétation et aux animaux.

Les labours, les semailles, commencés en hiver, sont continués à la fin de mars.

On sarcle les céréales, on épampre la vigne, on ébourgeonne les châtaigners, les arbres fruitiers.

On soumet les bestiaux à l'usage du vert. Cette nourriture est favorable à la disparition des maladies cutanées.

Été. — L'été dure du 20 ou 21 juin au 23 septembre.

La végétation, au commencement de la saison, est encore très-active, mais elle finit bientôt par se ralentir.

La récolte des foins, la récolte des céréales se font en été.

On déchaume, on sème les fourrages de façon à être pourvu d'aliments verts le plus longtemps possible.

Il faut bien aérer les étables, faire baigner les animaux dans les rivières, les étangs et les soumettre à un régime rafraichissant.

Automne. — L'automne commence le 23 septembre pour terminer le 21 décembre.

Dans cette saison on vendange, on récolte les feuilles, on pratique l'écobuage pour faire des brûlis, on commence les travaux pénibles de l'hiver : défoncements, labours des prairies, marnage, transport des fumiers.

Il est nécessaire de bien surveiller la nourriture des animaux ainsi que les eaux plus ou moins salubres des mares.

Succession régulière des saisons. — la succession régulière des saisons entretient les animaux dans un état d'équilibre nécessaire à leur santé. Cependant quand cette succession n'est pas rapide, que les saisons se prolongent, il peut subvenir des modifications dans l'organisme d'où les maladies de *printemps*, d'*été*, d'*automne* et d'*hiver*.

Les saisons astronomiques sont invariables, car elles tiennent aux lois générales de notre système solaire. Tandis qu'il n'existe pas de régularité dans les phénomènes caractérisant les saisons agricoles et médicales.

Des climats. — Pour l'agriculture le climat est déterminé par la température, par l'élévation et la nature du sol, par les météores aqueux, les pluies, par les phénomènes aériens, les vents, par les orages, le voisinage des eaux.

Les climats sont divisés en climats *chauds*, climats *froids* et climats *tempérés*.

Les climats produisent sur les êtres organisés des effets résultant principalement du calorique, et de l'action combinée de l'atmosphère, du sol, de la culture des terres, des aliments, des boissons.

L'humidité est un des éléments qui caractérisent les climats, mais l'on remédie à l'excès d'humidité ou à la sécheresse par les desséchements ou les irrigations; en outre, comme l'humidité ne modifie guère les conditions de chaleur et de froid, il convient mieux de régler les *climats agricoles* d'après la température.

Les systèmes de culture dépendent toujours des climats.

Le sol de la France est divisé en *cinq régions* ou climats agricoles : La région de l'olivier, la région des pâturages, la région des céréales, la région des vignes, la région des montagnes.

Région du sud ou de l'olivier. — La région du sud ou de l'olivier, caractérisée par les hivers courts et doux, comprend le Roussillon, le Bas-Languedoc, le Vivarais, le Bas-Dauphiné, le Comtat d'Avignon, la Provence et le Comté de Nice.

On y cultive l'olivier, la vigne, le mûrier, l'amandier, l'oranger, le citronnier.

Les fourrages y sont rares à moins d'irrigations. Il n'y a pas de races bovines à lait. On y emploie l'âne et le mulet.

Région océanique ou des pâturages. — La région océanique ou des pâturages, climat du nord-ouest et de l'ouest, s'étend de Dunkerque jusqu'à la Charente, et comprend la Flandre, le Boulonais, la Picardie, la Normandie, la Bretagne, l'Anjou, la Vendée et le Poitou.

Dans cette région les pluies sont abondantes. Les brouillards et les vapeurs de la mer rendent l'été doux et l'hiver brumeux.

Ce climat est essentiellement favorable à la pousse de l'herbe et au régime du pâturage.

Les animaux de boucherie y sont remarquables de volume. Le lait des vaches y est abondant.

Région des céréales. — La région des céréales ou climat des plateaux occupe l'Ile de France, la Beauce, la Brie, le Berry, la Champagne et la Bourgogne.

La qualité des chevaux y est remarquable : conséquence de l'abondance des grains et des facultés alibiles des herbages.

Région des vignes. — La région des vignes ou climat des coteaux présente des interruptions considérables surtout dans le Maine, la Beauce, les Vosges, la Franche-Comté, le Forez et l'Auvergne.

La vigne est cultivée dans de nombreuses parties de la France.

Climat des montages. — Le climat des montagnes ou région des pelouses et des forêts occupe une bonne partie du Sud, du Centre, de l'Est et du Sud-Est de la France.

La température des montagnes est variable suivant leur élévation, leur éloignement de la mer.

Les forêts ou les pâturages, gazon court, couvrent un grand nombre de montagnes.

Acclimatation des plantes et des animaux. — Avec des soins on peut arriver à acclimater des plantes et des animaux provenant soit d'un autre Etat, soit d'un autre département.

On doit se rapporter au sol, à la température, à l'humidité, au mode de culture pour les soins relatifs à l'acclimatement des plantes.

Cependant avant toute importation il faut prendre en considération la nature de la terre, sa fertilité et l'altitude du lieu.

Les animaux sont plus faciles à acclimater que les plantes, parce qu'ils sont beaucoup moins directement soumis à l'influence des agents extérieurs. Pour l'acclimatement des animaux il faut avant tout avoir égard à la nourriture et au climat.

LIVRE II.

Amélioration des sols : Engrais. — Irrigations. — Desséchements. — Labours. Défrichements.

SIXIÈME LEÇON

Engrais : Amendements ou stimulants. — Argile. — Terreau. — Tourbe. — Limon. — Sable.

Les moyens d'améliorer les sols consistent dans les *engrais*, les *irrigations*, les *desséchements* et les *labours*.

Des engrais. — Tout ce qui, déposé à la surface du sol et mêlé à la terre arable, conserve, augmente ou rétablit sa fécondité en lui fournissant les matières organiques ou minérales nécessaires à la végétation, est un *engrais*.

Le succès d'une exploitation rurale dépend de la *production économique* des engrais et de leur *emploi raisonné*.

Les engrais doivent être considérés comme l'*auxiliaire indispensable* et le *plus puissant* de la bonne agriculture.

Pour déterminer rigoureusement l'engrais qui convient à un terrain donné, il faut reconnaître la composition de la terre, les besoins des récoltes que l'on veut obtenir et la composition des engrais.

Les engrais employés par l'agriculture, le jardinage, sont nombreux.

Malgré ce nombre, nous insistons sur ce point :

1° Que le *fumier des herbivores* remplit le mieux les conditions générales demandées ;

2° Que c'est à la production de cet *engrais* que le cultivateur doit s'attacher principalement, sans négliger de tirer parti des autres engrais que la situation de l'exploitation lui indique comme avantageux.

Une *production abondante* de fumiers entraîne et suppose une culture alterne perfectionnée.

D'après la définition donnée plus haut, il serait inutile d'établir une classification des substances fertilisantes.

La meilleure classification serait, peut-être, de ne pas en faire.

Néanmoins, pour faciliter l'étude des engrais nous les diviserons tout simplement en deux groupes :

1er Groupe : Les *engrais inorganiques*, fournis principalement par le régime minéral, comprennent les engrais dits *amendements*, les engrais dits *stimulants* ou *excitants*.

2me Groupe : Les *engrais organiques* encore appelés *engrais proprement dits*, proviennent soit du règne végétal soit du règne animal, ou de ces deux règnes réunis : dans ce dernier cas les engrais sont appelés *engrais mixtes*.

Amendements, stimulants. — Les *engrais inorganiques, minéraux*, ou engrais dits *amendements, stimulants*, modifient et améliorent les qualités physiques des terres, et, jusqu'à un certain point, leur composition chimique.

Les *uns, essentiellement minéraux*, augmentent ou diminuent la fraîcheur ou l'humidité de la terre, — servent à donner de la consistance aux sols trop meubles, — à diminuer la ténacité des terres fortes et à en faciliter l'accès aux agents atmosphériques et aux racines ;

Les *autres*, composés de *parties minérales et de parties organiques détruites par le feu*, contribuent — comme les engrais organiques ou proprement dits — à l'alimentation végétale soit en nourrissant les végétaux, soit en les excitant, en les stimulant.

Toutefois, employés seuls, ils ne fournissent pas une nourriture complète aux plantes.

Nous allons parler de l'*argile*, du *terreau*, de la *tourbe*, du *limon*, du *sable*; nous traiterons ensuite du *chaulage*, du *marnage*, du *plâtrage*, des terres, etc.

Argile. — Les argiles ameublissent les sols sablonneux, les terres qui manquent de consistance et qui ne retiennent pas suffisamment l'humidité.

Les sous-sols argileux, supportant des sols légers mais peu profonds, peuvent améliorer ces derniers au moyen de forts labours.

On transporte, par tombereau, des terres argileuses sur des terrains qu'on veut rendre fertiles. Ce système d'amendement, employé assez souvent, est toujours très coûteux, surtout lorsqu'il s'agit d'ameublir une grande surface de terre.

Le *terreau*, la *tourbe*. — Le terreau, la tourbe sont des substances d'un emploi plus avantageux, à cause des éléments qu'elles fournissent à la nutrition des plantes.

Le *limon*. — Le limon provient des matières déposées par les inondations, les étangs, les fossés.

Le limon agit comme un puissant engrais et fertilise favorablement les terres, tout en étant nuisible à la salubrité de l'atmosphère et aux plantes qu'il recouvre.

Les *sables*. — Les sables amendent les terres argileuses, les terres fortes, tenaces, froides, humides.

De même que pour les argiles, les transports des sables sont très dispendieux.

Les errains argileux (terres fortes), qui reposent sur un sous-sol sablonneux, s'améliorent par des défoncements, des labours profonds.

SEPTIÈME LEÇON

Engra s : amendements, stimulants. — Chaulage. — Marnage.

Chaux. — Chaulage des terres. — En agriculture on emploi la *chaux caustique* ou *vive*, matière qui résulte de la calcination des pierres à chaux.

On se sert aussi des débris qui se produisent dans les environs des fours à chaux et qu'on appelle *cendres de chaux*.

Le *chaulage* est le résultat de l'opération qui consiste à répandre de la chaux sur les terres.

Le chaulage transforme avantageusement les terres mauvaises et de médiocre rapport.

Par le chaulage, la culture est plus variée, les plantes plus sapides, la paille plus forte, le grain plus gros et plus riche en farine, les animaux de plus belle venue.

Comme *effets*, la chaux donne de la consistance aux sols siliceux trop légers;

Elle rend poreuses et perméables les terres en diminuant leur ténacité:

Elle attire l'humidité, se réduit en poudre et améliore les terrains aigres.

Mise en contact avec les matières organiques contenues dans le sol, la chaux les décompose rapidement et les rend susceptibles de nourrir immédiatement les plantes.

La chaux *est réclamée par les terrains* qui manquent de l'élément calcaire, par ceux qui renferment beaucoup de tourbe, de terreau.

Elle convient aux sols marécageux, argileux, aux terres argilo-siliceuses où croissent le chiendent, la fougère, la bruyère, les châtaigners.

Pour les prés on préfère les cendres à la chaux, à moins que ce dernier amendement soit employé à l'état de compost.

Avant tout, il faut assainir le sol que l'on veut chauler.

Généralement, *pour opérer le chaulage*, on met de la chaux vive sur les terres, et cela, par petits tas disposés en rangées parallèles, à quatre mètres environ de distance l'un de l'autre.

Ces tas sont recouverts d'une couche de terre.

La chaux ne tarde pas à fuser, la couche de terre se soulève et se crevasse.

Alors on mêle la terre à la chaux fusée et on répand le tas sur la surface du sol.

Le chaulage s'effectue, autant que possible par un temps sec.

A la fin de l'été on chaule pour les récoltes de l'automne; au printemps pour les pommes de terre; à la fin de l'hiver, pour les prés.

La chaux est employée à *dose variable* suivant la nature du sol : 50 à 70 hectolitres par hectare sur un sol argileux ; de 30 à 40 hectolitres par hectare sur des sols légers, sablonneux. Dans ces derniers terrains, il y a avantage à chauler plus souvent mais à faibles doses.

Marne. — Marnage des terres. — La marne est un mélange composé de calcaire et d'argile auxquels se trouve associé un peu de sable.

La marne se trouve presque partout, à une plus ou moins grande profondeur.

Les sols où l'élément calcaire manque reposent le plus ordinairement sur des couches marneuses.

Quand l'argile ou la chaux prédomine, la marne est *grasse* ou *maigre*.

Répandre la marne sur les terres constitue l'opération appelée *marnage*.

Les sols couverts de plantes acides et où le calcaire fait défaut *réclament l'emploi* de la marne.

Aux *sols maigres* on préconise les marnes grasses ; aux *sols gras* ce sont les marnes maigres.

Relativement à *son mode d'emploi*, la marne est répandue sur la terre et enterrée ensuite par des labours.

Son mode d'emploi est à peu près le même que celui de la chaux.

Comme terre employée en guise de litière, la marne est une des plus avantageuses.

Les *effets* et les *avantages* du marnage ressemblent beaucoup à ceux du chaulage.

HUITIÈME LEÇON

Engrais : Amendements, stimulants. — Plâtrage. — Cendres. — Suie. — Phosphate de chaux.

Platre. — Platrage des terres. — Platras. — Le *plâtre* est une espèce de pierre calcaire (sulfate de chaux) qui, réduite en poudre par l'action du feu, sert à l'industrie et à l'agriculture.

Le *plâtrage* est l'action de répandre sur la terre du plâtre ou sulfate de chaux pour amender le sol et le féconder.

L'*opération du plâtrage* se fait à la main et à reculons, soit au moment du labour qui précède les semailles, soit immédiatement avant l'ensemencement, soit encore après une petite pluie sur les jeunes pousses des plantes.

L'opération est bonne et plus facile quand elle est faite par un temps calme et humide.

Sous forme de compost, le plâtre peut être avantageusement uni aux engrais organiques.

La *dose de plâtre* employée est ordinaiaement de 300 kilos par hectare.

Comment agit le plâtre? — L'action du plâtre n'a pas encore reçu d'explications satisfaisantes.

Tout cë que nous pouvons dire, c'est qu'il résulte, d'après des essais sérieux, que les effets du plâtre sont nuls ou presque nuls sur le blé, l'avoine, le seigle, les pommes de terre, la betterave, les prairies naturelles, — mais qu'ils sont admirables sur le sarrasin, le chanvre, le lin, et surtout sur le trèfle, la luzerne, les pois, les fèves et les vesces.

On reproche au plâtre de rendre difficile la cuisson des légumes.

Le plâtre a la propriété d'*améliorer* les engrais et d'*assainir* les étables.

Pendant la fermentation du fumier, le plâtre retient deux corps utiles à la croissance des plantes : l'ammoniaque et l'acide carbonique. Aussi est-il avantageux de mêler le plâtre au fumier. Pour cela, on alterne successivement les couches du fumier et celles du plâtre.

Le *fumier plâtré* possède une action plus grande sur les céréales, le trèfle, les maïs, la vigne que le fumier ordinaire.

De la poudre de plâtre répandue dans les étables fixe les produits volatils fournis par les urines et augmente l'action fertilisante des excrétions.

Les *plâtras* fournis par les démolitions conviennent très bien aux terres non calcaires.

CENDRES. — Il existe en agriculture plusieurs espèces de cendres. Nous distinguerons les *cendres de bois*, de *tourbe* et de *houille*.

Les *cendres de bois* sont les meilleures, mais on ne les utilise guère pour les champs que lorsqu'elles ont été lessivées.

Les cendres lessivées sont encores appelées *charrées*.

Les *cendres de tourbe* (tourbe brulée) et de *houille* amendent les terres fortes.

Les cendres sont généralement employées partout comme engrais minéraux; elles ameublissent les sols argileux et donnent de la consistance aux sols trop légers. Les mauvaises herbes sont détruites et l'aridité du sol est diminuée.

Les cendres lessivées ou charrées conviennent surtout sur les défoncements de landes et de bruyères.

Les cendres produisent d'excellents résultats sur les céréales, sur les prés en détruisant les joncs et les carex; sur le tabac, le maïs, le sarrasin en les utilisant dans le courant de l'été.

Elles sont favorables aux prairies artificielles, elles activent la végétation des choux, des navets.

Les cendres doivent être mises sur des terres sèches, assainies. Elles sont sans effets si on les répand sur l'eau stagnante.

Les cendres peuvent être employées à la dose de 10 hectolitres par hectare.

Suie. — La suie agit comme les cendres, décompose le terreau, améliore les sols compactes et détruit les insectes, les pucerons et les limaces.

Le dosage est de 10 hectolitres par hectare.

Phosphate de chaux. — Les *phosphates* jouent un rôle considérable dans la nutrition des végétaux et des animaux, qui les retirent les premiers du sol et les seconds de leurs aliments.

Les phosphates rendent de très grands services à l'agriculture.

NEUVIÈME LEÇON

Engrais organiques ou engrais proprement dits. — Engrais végétaux. — Résidus. — Matières fécales. — Fumier. — Immondices des villes. — Parcages. — Composts. Ecobuage.

Les *engrais proprement dits* appartiennent tous au règne organisé et diffèrent des précédents par leur composition chimique, en fournissant à la terre des éléments organiques, *carbone* et *azote*.

Nous étudierons d'abord les engrais fournis par le règne végétal et le règne animal.

Nous parlerons ensuite des *engrais mixtes* qui consistent en un mélange des excrétions animales aux corps végétaux ou terreux : Le fumier est le type des engrais mixtes.

Engrais végétaux verts. — Les *engrais végétaux verts* sont de véritables amendements pour les terrains dont ils facilitent et maintiennent l'ameublissement. Ils agissent par les matériaux qu'ils renferment et par leur eau de végétation.

Quand on ne peut pas faire consommer les engrais verts, on les enfouit. Ils sont principalement utiles dans les terres mauvaises ou médiocres.

Le lupin, la fève, les vesces, le sarrasin, le trèfle, le maïs, les raves, le chanvre, les fougères, les bruyères, les feuilles vertes des arbres, sont des plantes que l'on enfouit dans la terre sur place ou transportées dans les champs.

Les vieux gazons, l'herbe des prés que l'on défriche sont considérés comme engrais verts.

Feuilles sèches. — Pour être utilisées avantageusement comme engrais, les *feuilles sèches* que l'on ramasse en automne, dans les bois, les châtaigneraies, les bordures des prés, doivent être imprégnées de matières animales, soit en les employant comme litières, soit en les plaçant dans des endroits où passent et repassent souvent les animaux.

Résidus. — Citons les résidus des féculeries, des sucreries, des brasseries, les tourteaux, le marc de vendange, le marc des pommes.

On réserve pour les animaux les *résidus des féculeries et des brasseries*. Si ces résidus sont en excès, on utilise l'excédant comme engrais.

Les *tourteaux*, résidus des semences oléagineuses, conviennent particulièrement aux sols perméables. Ils sont employés plutôt dans le Nord que dans le Midi.

Le *marc de vendange* convient mieux à la volaille qu'aux terres. Néanmoins il peut être utile à la fumure des vignes.

Le *marc des pommes* peut servir à la composition des composts.

Matières fécales. — Les excréments de l'homme ou *gadoue* forment des engrais puissants.

La gadoue, d'un usage toujours désagréable, est extraite des fosses d'aisance et est mélangée avec de la terre.

Purin, fumier. — L'*urine*, exposée à l'air et ayant éprouvée un commencement de putréfaction, prend le nom de *purin*. C'est sous cet état qu'on en fait usage en agriculture.

Le *fumier* est le mélange d'excréments, d'urines et de paille servant de litière aux animaux.

On appelle *fumiers longs*, *pailleux*, les fumiers frais contenant de la paille non décomposée. En ce cas, leur action est lente.

Leur action est rapide quand les fumiers sont *courts* ou gras.

Immondices des villes. — Les *immondices* ou *boues des villes* qui recouvrent le pavé des villes, sont fort utilisées par les agriculteurs.

Parcage. — On entend par *parcage* le séjour des bêtes à laine, en plein air.

Le parcage peut s'établir sur une terre que l'on veut fumer. Il économise la litière et tasse les terrains légers.

Bien dirigé, le parcage est favorable à la santé des animaux.

Composts. — On appelle *composts* des mélanges de végétaux durs, ligneux susceptibles de se ramollir, de se décomposer sous l'influence de la terre et des agents atmosphériques.

L'*engrais Jauffret* est un compost.

Ecobuage. — L'*écobuage* consiste à enlever la croûte supérieure du terrain et à la brûler sur place avec les matières organiques qu'elle renferme.

L'écobuage convient aux sols compactes, engazonnés, tourbeux, couverts de landes, de bruyères, de vieilles prairies, etc.

Il n'est pas avantageux aux terres légères, maigres et aux terrains fertiles.

L'écobuage est applicable à tous les sols quand on se borne à la combustion sur place des végétaux et de leurs racines.

Les *effets* de l'écobuage sont : d'ameublir le sol, de détruire les mauvaises herbes, les racines et les graines nuisibles, les larves et les œufs d'insectes, de brûler l'excès d'humus et de transformer toutes ces substances en produits utiles.

Avant de *pratiquer* l'écobuage il faut *écrouter* le sol à l'aide de la bêche, de la houe ou au moyen d'une charrue à soc large.

Puis on réunit en petits tas, en forme de fourneaux, les plaques de terres enlevées et desséchées suffisamment.

On les fait brûler avec le gazon, la bruyère, etc.

Les morceaux de cendres et la terre brûlée sont répandus, après refroidissement, sur le sol.

Cette opération est suivie d'un labour, lequel précède la semaille.

L'écobuage se fait au printemps ou à la fin de l'été ; il est favorable aux plantes oléagineuses, à la pomme de terre, aux navets, aux raves, au sainfoin, au trèfle, au seigle, au sarrasin.

DIXIÈME LEÇON

Irrigations : Nature des eaux. — Modes, effets de l'arrosement. Quantité d'eau à employer.

On entend par *irrigation* l'arrosage des champs et surtout des prairies.

L'arrosage est utile à toutes nos récoltes, à toutes les terres qui n'ont pas un degré suffisant d'humidité.

Nous allons parler des eaux employées pour les irrigations, des modes et des effets d'arrosage.

Des eaux propres aux irrigations. — Toutes les eaux ne sont pas également propres aux irrigations.

Les *eaux limoneuses* sont fertilisantes. Les *eaux limpides bonnes* sont celles qui font pousser les plantes sapides et gazonner les terrains.

Les *eaux limpides mauvaises* provoquent la naissance de végétaux insipides : joncs, carex, etc.

Les *eaux des marais* favorisent les mauvaises plantes.

L'*eau de pluie*, qui tombe directement de l'atmosphère, est moins fertilisante que lorsqu'elle a coulé sur la surface de la terre.

L'*eau de source* présente une composition plus variable que celle de l'eau de pluie.

L'eau de source est plus ou moins riche selon la nature des terrains qu'elle traverse.

Les *eaux des rivières* ont une composition très variée et conviennent à l'arrosage de presque toutes les terres.

Ajoutons que les *eaux s'améliorent par le déplacement*.

Modes et effets d'arrosage des terres et des herbages. — Il est telle condition où l'on est forcé de renoncer aux irrigations, parce qu'elles ne peuvent être pratiquées économiquement.

Il y a trois sortes d'irrigation : l'arrosage par *infiltration*, l'arrosage par *immersion*, l'arrosage *en ados*.

1° L'*irrigation par infiltration* consiste à faire rendre l'eau dans les rigoles qui sillonnent la propriété.

Les rigoles doivent être nombreuses et rapprochées si le sol est peu perméable.

Il faut creuser les rigoles sans trop de pente afin qu'elles soient constamment pleines.

De cette manière, les eaux — sans jamais recouvrir la terre — s'infiltrent de proche en proche dans les couches profondes du sol et parviennent aux racines des végétaux.

2° L'*irrigation par immersion* consiste à couvrir d'eau les terrains que l'on veut arroser.

Cet arrosement est un moyen de fertilisation du sol.

Les inondations ne sont autres que des irrigations par immersion.

3° L'*arrosage en ados* est l'irrigation par déversement c'est-à-dire que sur la surface des sols que l'on veut arroser, l'eau s'écoule lentement, par couches minces, et ne doit pas rester stagnante.

Ce mode d'arrosage n'est possible que sur des terres horizontales ou presque planes.

Quantités d'eau. — La quantité d'eau nécessaire à chaque irrigation varie selon la nature du terrain, la température des lieux et la fréquence des arrosages.

ONZIÈME LEÇON

Desséchements. — Causes de l'excès d'humidité des terres. — desséchement par les fossés, par le terrement, par les drains. — Marais.

On entend par *desséchement* ou *drainage* l'opération qui a pour but d'enlever aux terrains l'excès d'humidité qu'ils renferment.

Causes de l'humidité des terres. — Il ne faut pas perdre de vue qu'un excès d'humidité nuit aux travaux de la terre, qu'il pourrit les semences, altère les récoltes et entraîne les engrais.

Cet excès d'humidité peut être causé, soit par la stagnation des eaux sur un terrain trop horizontal et reposant sur un sous-sol imperméable ; soit par la présence des eaux venant des hauteurs voisines et se réunissant dans des endroits bas et non inclinés ; soit encore par le voisinage d'un cours d'eau qui domine quelque partie d'un terrain.

La cause de cet excès d'humidité étant connue, il est généralement facile de déterminer le mode de desséchement ou de drainage qui convient.

Desséchement ou drainage par les fossés. — Quand on est en présence d'un terrain qui offre suffisamment de pente, on peut pratiquer des rigoles et des fossés ouverts.

Mais quand le sol est horizontal, ces fossés, ces rigoles d'égouttement ne répondent pas le plus souvent au but que l'on veut atteindre. Il vaut mieux alors avoir recours aux labours en billons ou en planches très-convexes.

On pratique aussi des *tranchées ouvertes*.

Desséchement ou drainage par le terrement. — Le desséchement par terrement s'appelle encore *colmatage*.

Le *colmatage* consiste à exhausser les terrains trop

bas ou exposés aux inondations par le transport des terres avec la brouette, le tombereau.

En pratiquant le *terrement*, l'*atterrissement* ou *colmatage* on a assaini et livré à la culture des étangs et des marais.

Dessèchement au moyen de tuyaux. — Ce mode de dessèchement se pratique au moyen de tuyaux ou *drains* (drainage).

Avant de *drainer* une terre il faut bien arrêter le plan des travaux et se rendre compte exactement de la direction de la pente, de la profondeur, de la distance et de la longueur des tranchées.

Si les sols offrent une seule inclinaison les *canaux primitifs* sont dirigés en ligne droite et parallèlement depuis la partie élevée du terrain jusqu'au bord inférieur.

Ces *canaux primitifs*, aboutissent aux *canaux secondaires*, lesquels sont perpendiculaires aux premiers.

Si le sol présente des *pentes opposées*, le canal secondaire sera placé au bas suivant la ligne de séparation de ces pentes. Le drainage est alors en forme de *feuilles de fougère*; et, si les ondulations des terres sont nombreuses, les voies d'écoulement sont disposées en *pattes d'oie*.

La *pente* que l'on donne aux tuyaux varie de 2 à 5 millimètres par mètre.

On place généralement les drains à une *profondeur* de 90 centimètres à $1^{m}60$, suivant que les fossés ou tranchées sont plus ou moins espacés.

La *longueur* des tuyaux peut varier entre 30 et 40 centimètres.

Le plus ordinairement les drains primitifs ont un *diamètre intérieur* de 25 à 30 millimètres, *celui* des tuyaux secondaires est de 4 à 9 centimètres.

Autres moyens d'assainissement. — Quelquefois au lieu de drains on emploie des *pierres*, des *briques*, on établit même des aqueducs avec de la *tourbe*, etc.

Il est incontestable que les dessèchements agissent avantageusement sur la végétation et sur la salubrité du pays.

Marais. — Pour les rendre propres à la culture, les

marais ou les sols habituellement *couverts d'eau* et desséchés doivent être préalablement préparés par la chaux, les cendres, la suie, l'écobuage, les labours répétés, par des plantations d'arbres ou par un passage à l'état de prairies.

DOUZIÈME LEÇON

Opérations culturales. — Chemins. — Clôtures. — Voitures. Attelages.

Les opérations agricoles susceptibles de concourir à l'amélioration, à la préparation des terres comprennent : Les *labours*, le *hersage*, le *binage*, le *déchaumage*, le *plombage*, le *buttage*, le *sarclage*, les *défrichements*.

Nous parlerons en même temps des *instruments aratoires*.

Mais, avant, disons un mot des chemins, des clôtures, des voitures et des attelages.

Chemins. — Les voies ferrées, les routes sont utiles à l'agriculture.

Mais les chemins ruraux — nombreux et bien entretenus — sont de la plus haute importance pour le cultivateur.

Clôtures. — Les clôtures sont des moyens de séparation des propriétés.

Les clôtures des champs, des prairies, des jardins, consistent en *haies*, en *fossés* ou en *murs*.

Voitures. — Les voitures sont *suspendues* ou *non* suspendues, à *deux* ou à *quatre roues*.

Les voitures dites *jardinières* ou *chars à bancs* sont généralement suspendues et servent aux transports des denrées.

Les *charrettes* et les *tombereaux* sont uniquement employés aux travaux de la culture.

Attelage. — Les animaux qu'on emploie pour les opérations culturales sont les chevaux, bœufs, vaches, quelquefois les mulets et les ânes.

Les chevaux travaillent plus promptement, mais les bœufs, les vaches, marchent d'une manière uniforme.

TREIZIÈME LEÇON

Charrues. — Labours.

Le *labourage* est l'action de remuer, de retourner la terre d'un champ avec des instruments dits *aratoires* et traînés par des animaux.

DES CHARRUES. — Les diverses parties qui constituent la charrue sont :

L'*âge* (flèche) ou la pièce de bois qui s'attache au joug des animaux :

Le *sep* ou la pièce qui, supportant le soc et le versoir, se trouve fixée à l'âge par l'étançon :

L'*étançon* ou la pièce réunissant l'âge au sep ;

Le *mancheron* servant à conduire l'instrument ;

Le *coutre* ou couteau fixé à la flèche, en avant du versoir et destiné à fendre verticalement la terre ;

Le *soc*, fixé en avant du sep et destiné à diviser la terre horizontalement :

Le *versoir* ou pièce servant à retourner la terre ;

Le *régulateur*, réglant l'épaisseur et la largeur des sillons.

Il existe deux principales sortes de charrues : les *araires* et les *charrues*.

L'*araire* est la charrue la moins compliquée et usitée chez beaucoup de cultivateurs du centre et du midi.

Les *charrues* fonctionnent avec ou sans avant-train.

Les charrues sont à un ou deux versoirs.

Dans la *charrue tourne-oreille* le versoir est mobile.

Il y a les *charrues sous-sol*, les *charrues défonceuses* qui sont, en certaines circonstances, nécessaires, et qui ne diffèrent des charrues ordinaires que par la puissance de tirage qu'elles nécessitent.

Une bonne charrue doit remplir les conditions suivantes : être simple, ne pas exiger trop de force ni d'adresse, pouvoir être tenue par celui qui dirige l'attelage, être peu coûteuse et solidement construite, facile à régler, d'un tirage normal, avoir un soc plat et tranchant, nettoyer parfaitement la raie, faire des tranchées étroites et les bien renverser.

LABOURS, LEUR PROFONDEUR ; DÉFONCEMENT. — L'ameublissement du sol.

L'enfouissement de l'herbe et des engrais,

L'exposition à l'action des agents extérieurs, des couches de terrain qui se trouvent dans un état impropre de cohésion.

Le retour à la surface des parties non épuisées de principes fertilisants,

Voilà le *but du labourage*.

La direction, la profondeur des sillons, les raies d'égouttement, leur nombre, sont subordonnés aux conditions de nature et d'exposition des terrains.

On laboure *à plat*, *en planches*, *en billons*.

Le *labour à plat* consiste à renverser, toujours du même côté, les bandes de terres les unes contre les autres de façon que le terrain labouré présente une surface unie.

Par le *labour en planches*, les terres sont divisées en planches planes et coupées de distance en distance de raies d'égouttement pour l'élimination des eaux surabondantes.

Par le *labour en billons*, les planches, au lieu d'être plates et espacées, sont *bombées à leur milieu*.

Les labours *superficiels* ont 8 à 12 centimètres ; les labours *moyens* 15 à 20 ; les labours profonds, 25 à 30.

Si on laboure plus avant on exécute les labours dits *de défoncement*, c'est-à-dire qu'une partie du sous-sol est remuée pour augmenter la couche de terre végétale.

QUATORZIÈME LEÇON

Herse. — Hersage. — Binage. — Déchaumage. — Rouleaux. — Plombage. — Buttage. — Sarclage. — Défrichements.

HERSE. — HERSAGE. — La *herse* est un instrument triangulaire ou quadrangulaire, hérissé en dessous de dents de fer ou de bois, plus ou moins longues, droites ou courbes, plus ou moins inclinées dans le même sens.

La *herse articulée* fait un meilleur travail et s'applique aux inégalités du terrain.

Le *hersage* a pour but d'ameublir, de diviser et d'égaliser la superficie du sol et de recouvrir les semences immédiatement après l'ensemencement.

BINAGE. — Le *binage* ne diffère pas des forts hersages.

Le binage convient surtout aux récoltes racines et s'exécute à l'aide de *binoirs*, sortes d'araires très-légères, simples ou à plusieurs socs.

On bine aussi au moyen de la houe, du sarcloir.

DÉCHAUMAGE. — Le *déchaumage* consiste à rompre les chaumes.

On appelle *chaume* la portion de la tige des céréales qui reste sur pied après récolte.

On déchaume à l'aide de la herse ou de l'extirpateur, sorte de charrue armée de plusieurs socs.

ROULEAUX. — PLOMBAGE. — Le *rouleau* est un cylindre en bois, en pierre ou en fonte, uni ou armé de pointes, destiné à briser les mottes et à tasser les terres.

Cette opération s'appelle *plombage*.

Le plombage s'exécute aussi en passant alternativement la herse et le rouleau.

BUTTAGE. — Le *buttage* consiste à ramasser un peu de terre en forme de butte au pied des plantes en lignes : pommes de terre, maïs, topinambours, etc.

On butte ou avec la *houe à main*, la *bêche*, ou avec la *charrue à deux versoirs* fixes ou mobiles.

SARCLAGE. — Le *sarclage* a pour but de détruire les mauvaises herbes et d'ameublir la superficie du sol.

Le sarclage se fait avec le *sarcloir* (sorte de petite houe) ou avec la houe à cheval.

DÉFRICHEMENTS. — Le *défrichement* consiste à mettre en culture réglée, les landes, les bruyères, les bois, les terres incultes, etc.

Généralement, si on défriche à la main, avec la pioche ou la pic, l'opération est coûteuse mais plus sûre.

On défriche aussi à l'aide des *charrues défonceuses, fouilleuses*.

Le *défrichement des prés* rentre dans les travaux ordinaires de la ferme.

Avant le *défrichement des bruyères, des landes, des ajoncs et des genêts* on procède à la combustion ou à l'arrachage de ces plantes.

La combustion détruit l'ajonc, mais il est plus avantageux d'arracher la bruyère et le genêt.

Le *défrichement des bois* est salutaire en assainissant le climat d'un pays. Cependant il est avantageux de limiter le déboisement.

Les terres défrichées avec ou sans défoncement, sont, tout d'abord, utilisées à la production des fourrages.

LIVRE III

Cultures sarclées. — Cultures des céréales. Culture des plantes industrielles. Paturages. — Prairies. — Assolement.

—

QUINZIÈME LEÇON

Cultures sarclées : Betterave. — Pomme de terre. — Carotte. — Topinambour.

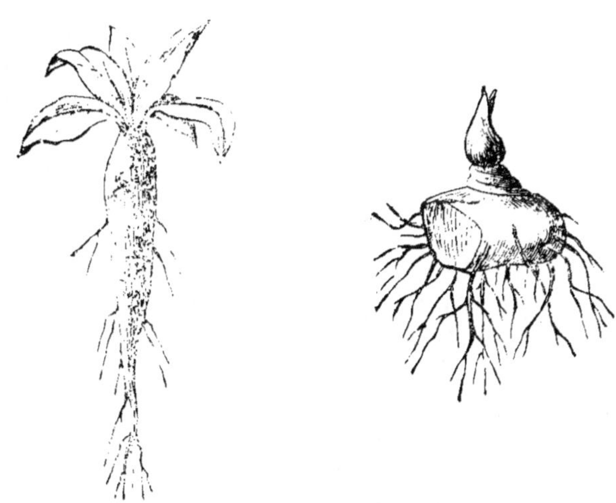

On entend par *cultures sarclées*, la culture des plantes qui exigent une terre constamment ameublie et propre, qui demandent de nombreuses façons, des *sarclages fréquents*.

Les cultures sarclées peuvent donc être considérées comme *améliorantes*.

Nous allons étudier successivement la betterave, la pomme de terre, la carotte, le topinambour, les choux, les orties, les laitues, les maïs, les pois, les fèves.

BETTERAVE

Variétés. — La *betterave* est cultivée comme plante *fourragère* ou comme plante *industrielle*.

Les *betteraves fourragères*, dont les racines et les feuilles servent à l'alimentation du bétail, sont la *B. champêtre* ou *disette*, la *B. disette blanche*, la *B. jaune* ou encore la *B. rouge de Castelnaudary*, la *B. globe jaune*.

Les *betteraves sucrées*, cultivées pour les sucreries, les distilleries, sont : la *B. à sucre* ou *betterave blanche de Silésie* et la *B. blanche à collet rose*.

Culture. — On sème en mars et en avril.

La betterave veut un terrain meuble, profond, frais sans être humide.

Elle se sème en *ligne* ou à la volée.

Cette dernière manière exige des sarclages très-dispendieux, de plus la réussite du repiquage est incertaine.

Semer en ligne est préférable.

On emploie 5 à 8 kilos de graines par hectare.

La distance des semis est de 15 centimètres.

Puis, quand les plants sont forts, il faut qu'ils soient suffisamment espacés. Cet espace varie entre 40 et 50 centimètres.

On sarcle deux, trois fois les betteraves.

Récolte. — On *effeuille* les betteraves en septembre, quand les racines sont bien développées.

On *arrache* la betterave en octobre, par un temps sec, au moyen de la bêche ou de la pioche.

Les racines sont conservées dans la cave, le cellier, en silo ou en tas à la surface du sol.

On les couvre de paille, de feuilles. On ne les expose pas à la gelée.

Les racines les plus belles, réservées comme *porte-graines*, sont plantées en février. On récolte avant la maturité complète en coupant et en exposant les tiges au soleil. Les semences sont enlevées et conservées en lieu sec.

Rendement par hectare : feuilles, 10,000 à 13,000 kilos : racines, 30,000 à 70,000 kilos.

Alimentation. — La *racine* crue ou cuite et toujours divisée est distribuée aux bœufs, aux vaches laitières.

Les *feuilles* sont bien moins nutritives que les racines.

POMME DE TERRE

Variétés. — La *pomme de terre* présente de nombreuses variétés : les unes *précoces* ou *hâtives*, les autres *tardives*.

Voici, par ordre de précocité, quelques variétés de pommes de terre appropriées à la grande culture : La *marjolin*, la *schaw* ou *chave*, la *segonzac* ou *de la Saint-Jean*, la *vitelotte rouge*, la *vitelotte igname*, la *hollandaise jaune*, la *hollandaise rouge*.

Culture. — On donne un labour avant l'hiver et un ou deux au printemps.

Au dernier labour, les tubercules, déposés dans les sillons qu'on vient d'ouvrir, sont recouverts en ouvrant les sillons à côté.

L'*espacement* des lignes est de 50 à 60 centimètres.

On a soin de biner et de butter les pommes de terre.

Récolte. — L'*arrachage* se pratique en août ou en septembre.

Les tubercules sont conservés dans des caves, celliers, silos. L'humidité les fait pourrir, le froid les gèle.

Le *rendement moyen* par hectare est de 100 à 130 hectolitres.

Alimentation. — La pomme de terre est administrée aux animaux, crue ou cuite. Dans le premier cas elle est distribuée avec ménagement.

CAROTTE

Variétés. — On cultive la *carotte blanche à collet vert*, la *carotte longue de Flandre*, la *blanche des Vosges*.

Culture. — La carotte est semée en mars et avril, en lignes espacées de 30 à 40 centimètres.

Récolte. — L'*arrachage* se fait en automne par un temps sec, froid plutôt que doux.

On peut *conserver* la carotte en tas qu'on a soin de couvrir.

Le *rendement* par hectare est de 20.000 à 50.000 kilos.

Alimentation. — Mangée crue ou cuite, la carotte convient aux bestiaux, aux chevaux, aux vaches laitières.

TOPINAMBOUR

Culture. — Le *topinambour* s'accommode de presque tous les terrains.

Sa culture se fait en mars et avril, à peu près comme celle de la pomme de terre.

Récolte. — Les topinambours se *récoltent* en automne et peuvent rester en terre pour être extraits au fur et à mesure des besoins.

La gelée ne les altère même pas. On les conserve en lieux frais.

Le *rendement* des tubercules par hectare est de 15.000 à 30.000 kilos.

Alimentation. — Ce tubercule est distribué avantageusement aux animaux et particulièrement aux moutons.

SEIZIÈME LEÇON

Suite des cultures sarclées : Choux. — Navet. — Rave. — Chou-rave. — Consoude. — Orties. — Laitues. — Maïs. — Pois. — Fève. — Conservation des graines ; insectes nuisibles.

CHOUX

Culture. — Le *chou cavalier*, ou *chou sans tête*, ou *chou chèvre* se sème en pépinière en mars. On met beaucoup de graines, prévoyant les ravages des insectes.

On transplante en juin, juillet, en espaçant de 60 à 80 centimètres.

Il faut environ 20.000 plants par hectare.

Récolte. — On *effeuille* un peu en août, septembre.

On continue la *cueillette* en hiver.

On récolte définitivement en avril, mai, alors que les tiges ont poussé.

Rendement moyen par hectare : 11.000 à 16.000 kilos de fourrage vert.

Alimentation. — Le chou cavalier est exclusivement réservé aux bestiaux.

Les vaches qui en font un usage fréquent donnent un lait à saveur désagréable.

NAVET

Culture. — Les navets se sèment en ligne, à peu près comme les betteraves, en mai, juin, juillet, à la dose de 5 à 6 kilos par hectare.

Récolte. — La récolte du navet peut se faire tard.

Le rendement à l'hectare est de 15.000 à 22.000 kilos.

Alimentation. — Le navet se consomme sur place ou à l'étable.

Pour éviter l'acidité du lait et le relâchement des organes digestifs, il faut l'administrer modérément aux vaches laitières.

RAVE

Culture. — La rave se sème en ligne, dans l'arrière-saison, et on recouvre les graines par un coup de herse.

En culture dérobée on sème à la volée.

Récolte. — On retire de terre les raves en novembre, et on les conserve dans les celliers.

Le *rendement* est très-variable : 12,000 à 40,000 kilos de racines par hectare.

Alimentation. — Même observation que pour le navet.

CHOU-RAVE

Le *chou-rave commun* se sème en juin.

Il craint la sécheresse et réussit dans les années pluvieuses.

Il sert de nourriture aux bestiaux et peut être utilisé pour l'usage culinaire.

CONSOUDE

Culture. — La *consoude rugueuse* encore appelée *consoude à feuilles rudes* doit être semée en automne sur un terrain profondément ameubli à cause de la longueur des racines.

Cette plante demande un buttage en février et un binage en été.

Récolte. — La consoude dure plusieurs années et peut fournir plusieurs coupes par an.

Son rendement est considérable.

Alimentation. — La consoude rugueuse, par les produits qu'elle donne, plus que par sa valeur nutritive, est administrée aux bestiaux.

ORTIES

On délaisse communément l'ortie.

Pourtant elle peut être avantageusement consommée comme fourrage par les animaux, surtout lorsqu'elle est jeune.

Les coupes du mois d'août ne doivent servir qu'à la litière et ne pas être données comme nourriture. C'est qu'en vieillissant les orties répugnent aux animaux.

LAITUES

Au printemps, on sèmera à plusieurs reprises, à la volée ou en ligne (de 35 à 40 centimètres de distance) sur un terrain bien préparé.

Les laitues entretiennent très-bien les porcs en été.

MAÏS

Le *maïs*, improprement appelé *blé de Turquie*, *blé d'Espagne*, est venu du nouveau-monde.

Cette plante, des plus fécondes, offre plusieurs variétés.

Culture. — Il faut un sol léger, ameubli, profond et bien fumé.

Le maïs craint le froid et l'excès d'humidité.

On le sème au printemps, après les froids, c'est-à-dire en fin avril et au mois de mai.

On le répand à la *volée* quand on veut obtenir des fanes pour fourrage, pour engrais vert.

Pour récolter beaucoup de graines on sème en *lignes*, espacées de 30 à 50 centimètres, à une profondeur convenable (4 à 8 centimètres). Il en est de même de l'espacement des plants qui est augmenté si les variétés cultivées fournissent des pieds forts.

On donne une première façon aux jeunes plantes qui ont 3, 5 feuilles et on régularise la récolte.

Ce binage est répété deux fois encore dans le courant de l'été. Plus tard on éclaircit et on butte.

Récolte. — Après la floraison on coupe la tige à 20, 25 centimètres au-dessus de l'épi le plus éloigné du sol.

Cette récolte s'appelle *écimage* et fournit de bon fourrage vert.

En septembre, octobre, quand les grains sont mûrs, les épis sont séparés de la tige, dépouillés et exposés au soleil.

Quand la *râfle* ou centre des épis est sèche, cassante, on pratique l'*égrenage*.

Le *rendement moyen* par hectare est de 45 hectolitres, l'hectolitre pesant 65 à 75 kilos.

Alimentation. — Les feuilles vertes et les tiges du maïs fournissent un excellent fourrage : le feuilles, les tiges desséchées servent comme engrais. Le grain de maïs est très-nutritif.

POIS

Le *pois gris* ou *pois des champs* convient aux animaux.

On le sème épais, à la volée, au printemps ou en automne.

Son fourrage, consommé en vert au moment de la floraison, est très-recherché.

FÈVES

On sème à la volée 200 à 300 litres par hectare.

Cultivée pour le fourrage, on fauche à la floraison.

Cultivée pour les graines, on récolte avant la maturité complète.

Le rendement par hectare est de 18 à 30 hectolitres de graines.

CONSERVATION DES GRAINES ; INSECTES NUISIBLES

Conservation. — Les graines des légumineuses sorties depuis longtemps de la cosse, sont le plus souvent d'une cuisson difficile.

Il est préférable de ne battre ces plantes que la veille du jour de leur consommation.

Généralement, la paille des légumineuses battue aussitôt après la récolte ne se conserve pas longtemps.

Insectes nuisibles. — Les *bruches* sont des insectes qui, pendant les chaleurs, déposent leurs œufs sur les fleurs, les gousses et les graines encore tendres.

Des œufs proviennent des larves qui pénètrent par un trou imperceptible. Ces larves passent ainsi l'hiver, rongent l'intérieur de la graine, se transforment en chrysalides.

L'insecte parfait, se trouvant alors formé, rompt, à l'aide de ses mandibules, la pellicule qui le recouvre et s'envole.

Les bruches occasionnent de grands ravages.

Le meilleur moyen de destruction est de plonger les graines dans de l'eau bouillante.

DIX-SEPTIÈME LEÇON

Culture des céréales. — Travaux généraux : Semences. — Leurs préparations. — Ensemencement. — Moissons.

Les céréales demandent un sol ameubli, riche en engrais. C'est que leur faculté épuisante est très-marquée.

Avant d'entreprendre l'étude particulière des céréales (froment, seigle, méteil, orge, avoine, sarrasin) nous parlerons d'une manière générale des semences, de leurs préparations et des moissons. Autrement dit, nous allons traiter des travaux généraux que comportent la culture de ces végétaux.

Semences. — Les *semences* sont des graines destinées à reproduire les plantes.

Les semences doivent être bien choisies, c'est-à-dire : mures, entières, égales, propres, exemptes de graines étrangères et d'altérations.

Autant que possible, on doit préférer les grains nouveaux aux anciens.

Les semences — ainsi choisies et avant d'être confiées à la terre — subissent quelques préparations.

Préparations des semences. — Le *chaulage* a pour but d'éloigner les animaux granivores et de détruire les germes des champignons parasites : carie, charbon, etc.

Le *chaulage* des semences consiste à tremper, à plonger pendant quelques minutes — à l'aide d'un panier ordinaire par exemple — les grains dans une des solutions suivantes :

1° 4 kilos de chaux délayée dans 1 hectolitre d'eau suffisent pour le chaulage de 8 hectolitres de froment.

2° Des cultivateurs ajoutent à la chaux du jus de fumier, du purin, ce procédé constitue une sorte de *pralinage*.

3° Le mode le plus employé est le *sulfatage* : On met 200 grammes de sulfate de cuivre dans une quantité d'eau suffisante pour mouiller 2 hectolitres de blé.

Ensemencement. — On sème *à la volée* ou *en ligne*.

Dans le premier cas on lance les grains avec la main ; dans le second on les répand dans les raies soit avec la main soit avec un semoir.

L'*époque* de l'ensemencement varie selon les conditions atmosphériques générales du lieu.

Les principaux ensemencements se font à l'*automne* ou au printemps.

Un *terrain sec et chaud* convient à l'orge, au seigle, au sarrasin.

Au moment de la semaille, un *terrain un peu humide* est favorable au froment, à l'avoine.

Il faut semer ni trop clair, ni trop dru.

Il faut moins de semence pour les bons terrains que pour les sols médiocres.

On appelle *semailles sous raies* quand les semences sont enterrées par la charrue.

Les *semailles sur raies* sont enfouies par la herse.

On enterre avec *deux hersages* le blé, l'avoine, le sainfoin.

Moisson. — La *récolte des céréales* ou la *moisson* est exécutée en juin, juillet, époque où les grains sont mûrs et qu'on peut les séparer avec l'ongle.

1° *Pour couper les céréales* on emploie la *faucille*. Cet instrument permet de bien aménager les javelles.

On se sert aussi d'un instrument expéditif : la *faux*.

Dans le nord, la *sape* avec le *crochet* remplace généralement la faucille.

Les moissonneuses (machines à moissonner) font très-vite le travail, mais ne peuvent convenir aux terrains accidentés.

2° Le *javelage* consiste à coucher sur le sol les portions de céréales coupées par le moissonneur.

Pour éviter l'*égrenage* on coupe la récolte avant sa complète mâturité. En ce cas, la mâturité se complète, en laissant, pendant quelque temps, les javelles sur le sol.

Les faisceaux de céréales liés avec un *lien de paille* s'appellent *gerbes*.

Après la moisson, les javelles sont relevées, réunies par groupes nommés *meulons, moyettes*. Les moyettes ou meulons sont recouverts d'une gerbe. Les javelles se dessèchent et, par suite, sont plus faciles à battre.

La disposition des moyettes varie à cause de leurs expositions aux grands vents ou à des pluies continues.

3° Le *battage* des céréales se fait avec le *fléau*, ou avec une *machine à battre*, et dans certaines contrées à l'aide des pieds des chevaux.

Après le *battage*, on *vanne*, on nettoie les grains au moyen d'un appareil désigné sous le nom de *tarare*.

DIX-HUITIÈME LEÇON

Suite de la culture des céréales : Froment. — Seigle. — Méteil. Orge. — Avoine. — Sarrasin.

FROMENT

Variétés. — Parmi les nombreuses variétés de *blé* ou *froment* citons les suivantes : le *blé commun* (blé sans barbes, touzelle), le *blé poulard* (blé renflé, pétanielle), le *blé épeautre*, le *blé engrain* (petit épeautre, locular), le *blé de mars* blanc barbu, le *blé de mars* blanc et rouge sans barbe.

Culture. — On sème en automne les *blés d'hiver*, au printemps les *blés de mars*.

Les céréales ont besoin d'engrais riches en phosphore, silice et chaux.

On répand la semence *à la volée* ou *en lignes*. Ce dernier procédé donne d'abondantes récoltes.

2 hectolitres en moyenne sont nécessaires pour l'ensemencement d'un hectare.

Récolte. — On récolte quand le sommet et la base de la paille jaunissent et que le grain commence à résister à la pression de l'ongle.

Le rendement moyen et général, par hectare, est de 14 hectolitres (6 fois environ la semence).

La paille pèse plus de deux fois le poids du grain.

Le poids moyen de l'hectolitre est de 75 à 80 kilos.

Alimentation. — Le froment en *herbe* est très-succulent, il faut l'administrer avec précaution pour éviter la météorisation chez les herbivores.

Les *grains* sont donnés en *mâches* aux juments poulinières.

La *paille* convient très-bien, surtout aux chevaux.

SEIGLE

Le seigle de *mars* est moins productif que le seigle d'*automne*.

Culture. — Le *seigle* est moins difficile que le blé.

Il faut deux hectolitres de seigle par hectare.

Le *rendement* moyen à l'hectare est de 15 à 20 hectolitres. L'hectolitre pèse environ 75 kilos. La paille dépasse deux fois le poids du grain.

Alimentation. — Le seigle, administré en grains, en vert, convient aux animaux.

La paille sert à la confection des litières et est employée dans l'industrie.

La farine de seigle est très rafraîchissante.

MÉTEIL

Le *méteil* est un mélange de grains de seigle et de froment récoltés dans le même champ

Ces deux plantes ne mûrissant pas ensemble, on a blâmé ce mélange.

La culture du méteil perd chaque jour du terrain.

ORGE

Culture. — On cultive en septembre l'*orge d'hiver* ou escourgeon d'automne, et en mars, avril, l'*orge de printemps* ou escourgeon de mars.

Il faut 2 à 3 hectolitres de semence par hectare.

Récolte. — La récolte des orges doit se faire avant la complète maturité.

Le rendement moyen, par hectare, est de 28 à 40 hectolitres (orge d'hiver), de 18 à 30 (orge de printemps).

L'hectolitre pèse de 60 à 65 kilos (orge d'hiver), de 50 à 60 (orge de printemps).

Alimentation. — Le *grain*, la *farine*, le *vert* d'orge fournissent une bonne nourriture aux animaux.

AVOINE

L'avoine vient dans toutes les terres.

Les *variétés d'hiver* sont semées à la volée en octobre, *celles de printemps*, en mars et avril.

On met 2 à 3 hectolitres par hectare.

Le *rendement* moyen à l'hectare est de 20 à 40 hectolitres de grains.

Le poids de l'hectolitre est de 40 à 50 kilos.

Les avoines du Poitou, de la Bretagne sont lourdes, celles du Limousin sont légères.

L'avoine convient particulièrement aux chevaux.

SARRASIN

Le sarrasin est la plante des sols meubles peu fertiles.

Le sarrasin peut être semé à toute époque de la belle saison pourvu qu'il ne soit pas exposé aux gelées du printemps et de l'automne.

Il faut 50 à 70 litres de semence par hectare.

L'hectolitre pèse 50 à 65 kilos. Les grains peuvent être distribués aux animaux.

DIX-NEUVIÈME LEÇON

Parasites des céréales. — Conservation des grains.

Parasites des céréales. — Les céréales sont exposées à des maladies produites par des parasites végétaux et animaux.

Les *parasites végétaux* sont l'ergot, la rouille, la carie, le charbon.

Parmi les *parasites animaux* est la nielle.

Ergot. — L'*ergot*, de couleur noirâtre, est un champignon qui altère le grain de plusieurs graminées et particulièrement celui du seigle.

Le seigle ergoté et le pain qui renferme de la farine ergotée sont très-dangereux.

La médecine fait usage du seigle ergoté.

L'assainissement des terres rend plus rare ce parasite.

Rouille. — La *rouille* est produite par des petits champignons qui attaquent la surface des tiges et des feuilles chez les céréales principalement.

Comme préservatif, il faut assainir le sol et ne jamais employer les semences d'un champ où la rouille a existé.

Carie. — La *carie*, formée par un champignon (l'uredo caries), attaque les grains de blé.

Les grains cariés sont un peu grisâtres, s'écrasent facilement et répandent une poussière à odeur fétide.

Le chaulage, le sulfatage des semences détruisent les germes de la carie.

Charbon. — L'uredo carbo est le champignon du *charbon*, maladie des épis des graminées et surtout du froment.

Le charbon ressemble beaucoup à la carie, il est moins funeste et se détruit par les mêmes moyens.

Nielle. — La *nielle* est une maladie du blé produite par un ver *(anguillula tritici)*.

Les grains niellés renferment une quantité considérable de larves.

Le meilleur moyen de destruction de la nielle est de tremper la semence, pendant 24 heures, dans de l'eau additionnée d'acide sulfurique.

Conservation des grains. — Après la récolte, les grains doivent être placés à l'abri de l'humidité, des rats et des insectes nuisibles.

Il faut prévenir l'échauffement des grains réunis en tas plus ou moins considérables en les déplaçant avec la pelle.

Il est nécessaire, en outre, qu'ils soient placés dans des endroits bien aérés.

Parmi les insectes nuisibles aux grains, nous citerons le charençon, la cadelle, l'alucite et la fausse-teigne.

Le charençon est le coléoptère, dont la larve, pourvue de fortes mandibules (parties saillantes de la bouche des insectes), se loge dans l'intérieur des grains et en dévore la substance.

Le pelletage fréquent des grains, l'emploi de l'eau bouillante sur le blé contribuent à détruire le charençon.

La cadelle (grosse larve du blé), à l'opposé de la larve du charençon, ronge extérieurement le grain et le délaisse.

Pour prévenir les ravages de la cadelle, on renferme le blé dans des tonneaux aussitôt après le battage et le nettoyage.

L'alucite ou teigne des blés est un papillon qui dépose ses œufs dans le sillon des grains. De l'œuf naît une chenille qui dévore la partie farineuse du blé.

En vannant, en secouant le blé au moyen des tarares on peut détruire ces insectes.

La larve de la fausse-teigne ronge les grains qui l'entourent, grimpe contre les murs, arrive aux poutres où elle se suspend et se change en insecte parfait.

VINGTIÈME LEÇON

Culture des plantes industrielles : Colza. — Navette. — Pavot. Moutarde. — Chanvre. — Lin. — Houblon. — Tabac. — Chicorée. — Cardère. — Garance.

Colza. — Le Nord et l'Est de la France cultivent en grand la plante oléagineuse appelée *colza* (sorte de chou non pommé à fleurs jaunes).

La graine fournit une huile grasse pour l'éclairage, la fabrication des savons, etc.

Les tiges, et feuilles vertes du colza sont employées comme fourrage.

Epoque des semis : Juillet, août.

Quantité de graines à semer par hectare : 2 à 3 kilos.

Rendement à l'hectare : 20 à 35 hectolitres.

NAVETTE. — La *navette* est une espèce de navet qui se cultive, pour son huile, comme le colza. Mais elle est moins productive.

PAVOT. — L'*opium*, extrait des têtes ou capsules de pavot, se sème, selon le climat, en automne ou au printemps.

Les graines sont oléagineuses.

MOUTARDE. — La moutarde est récoltée avant la maturité complète. On sème, par hectare, 15 à 20 kilos de graines: on en récolte 10 à 20 hectolitres.

La moutarde est employée en médecine et à l'usage culinaire.

CHANVRE. — Le *chanvre* demande un sol fertile et une abondante fumure.

On sème à la volée avant la sécheresse, en avril, mai, juin, à raison de 3 à 4 hectolitres de chénevis (graines du chanvre).

Pour récolter la filasse, on arrache le chanvre après mâturité des pieds femelles, vers la fin juillet.

Pour récolter le chénevis, on arrache, en septembre, les pieds femelles jusqu'à mâturité de la graine.

Le rendement de filasse est de 500 à 1.000 kilos par hectare : celui du chénevis est de 5 à 10 hectolitres.

Le chénevis est donné aux poules. Il est très-nutritif.

LIN. — Comme le chanvre, le lin exige une bonne culture.

Le lin d'hiver se sème en septembre, octobre ; celui d'été se sème au printemps, quand les gelées ne sont plus à craindre.

On répand à la volée 200 à 300 kilos de graines.

On arrache le lin, pour avoir de la filasse, dès que les dernières fleurs sont tombées.

Si l'on récolte la graine on attend la formation des capsules et le brunissement des graines.

Après arrachage, on fait macérer les tiges, ou à l'eau ou à la rosée. Cette macération, appelée *rouissage*, facilite la séparation de l'écorce filamenteuse d'avec la tige.

Après le rouissage on opère le *broyage* du lin.

Le rendement par hectare est de 400 à 600 kilos de de filasse et à peu près la même quantité de graines.

La graine est d'un usage fort répandu.

Houblon. — Le houblon est cultivé dans le Nord, le Nord-Est de la France.

L'industrie de la bière utilise les fleurs.

Tabac. — Le tabac exige un terrain bien ameubli, frais en été, riche en terreau.

Après labour à la bêche on sème en pépinière, dans le courant de mars.

La régie règle la transplantation. Dans le midi, le rendement est de 1.000 à 1.200 kilos de feuilles sèches par hectare.

Dans le nord il est de 1.800.

Le rendement est en raison du nombre de pieds que la régie permet.

Chicorée. — La chicorée prospère principalement sur les sols calcaires et est recherchée pour la racine succédanée du café.

Cardère. — Les têtes de fleurs de la cardère, armées de paillettes dures, servent au peignage des draps, des couvertures.

Garance. — Le commerce utilise la racine de la garance. La poudre qui en provient, traitée par l'acide sulfurique, fournit le principe utile.

Il y a aussi d'autres plantes industrielles : Le safran, le carthame, la persicaire des teinturiers, etc.

VINGT ET UNIÈME LEÇON

Pâturages. — Pâturages naturels. — Pâturages artificiels.

Les *pâturages* sont des terrains qui produisent naturellement des herbages qu'on ne fauche pas et que l'on fait consommer sur place par le gros et le menu bétail.

Les pâturages sont divisés en pâturages naturels et en pâturages artificiels.

On appelle *pâturages naturels* les terres qui s'engazonnent naturellement.

Tandis que les *pâturages* artificiels sont établis par la main de l'homme.

PATURAGES NATURELS. — La composition des pâturages naturels est variable suivant leur situation, et leurs effets subordonnés à leur nature.

Les *chaumes*, c'est-à-dire les terres d'où l'on vient d'enlever les récoltes, offrent assez de ressources aux bestiaux, si les terrains sont infectés de lupuline, de trèfle, de gesses, de vesces, etc.

Les pelouses, couvertes d'une foule de petites plantes, peuvent être soumises au pâturage, avec quelque profit.

Il en est de même des *communaux*, pâturages où tout propriétaire d'une commune a le droit de faire paître son bétail. Ce *droit de vaine pâture* devrait être supprimé.

Les *friches*, terrains non cultivés, couverts de broussailles, d'herbes généralement peu abondantes ; les *landes*, les *bruyères* ; les *genêtières* ; les *bois* où poussent à l'ombre quelques herbes ; les *pelouses* des étangs, des marécages ; les *montagnes*, d'un abord difficile, laissées en pâturaux et productives en belle saison, constituent des pâturages naturels.

N'oublions pas de mentionner les *embouches*, herbages si fertiles de la Vendée, de la Saintonge, du Calvados, de la Manche, et les *pâturages salés* des bords de l'Océan et de la Méditerranée.

PATURAGES ARTIFICIELS. — Les pâturages artificiels, de courte durée, peuvent être établis économiquement en répandant la semence sur le sol un peu approprié.

Mais, pour les pâturages de longue durée, il est important de faire quelques sacrifices, en nivelant, en fumant, en ameublissant bien le terrain.

Les plantes que l'on doit choisir pour les *sols qui possèdent une fraîcheur moyenne* sont : l'ivraie vivace, le vulpin des champs, le paturin des prés, le trèfle rampant, la petite pimprenelle, la luzerne lupuline.

Pour une terre *aride, non arosée*, on emploi : la fétuque des brebis, la fétuque rouge, le trèfle rouge.

A ces plantes, que l'on trouve aussi dans les pâturages naturels, se réunissent d'autres espèces qui poussent spontanément : Le paturin des bois, le chiendent, la flouve odorante, le lotier corniculé, le pissenlit, la vulnéraire, le mélilot officinal, la millefeuille, la spergule des champs, la trainasse, etc.

Comme propres *aux montagnes* citons les plantes suivantes : les tormentilles, les benoites, les gentianes, le serpolet, le thym.

Règle générale : Les pâturages qui ne doivent pas être fauchés renfermeront des espèces qui poussent au printemps, d'autres qui végéteront en été, en automne.

Les *semailles* se font, ou au printemps ou à l'automne, de manière que les herbes puissent être établies avant les grandes chaleurs ou les froids excessifs.

VINGT-DEUXIÈME LEÇON

Prairies. — Prairies naturelles. — Prairies artificielles : luzerne trèfle, minette, sainfoin, orge escourgeon, vesce, gesse, jarosse, lupin, trèfle incarnat.

Les prairies sont divisées en *prairies naturelles* et en *prairies artificielles*.

PRAIRIES NATURELLES. — Les *prairies naturelles* sont des terrains engazonnés d'un grand nombre d'espèces de plantes destinées à être fauchées.

Au point de vue de leur *durée* les prairies naturelles sont *permanentes* ou *temporaires*.

D'après leur *situation*, les prairies *basses* sont humides, souvent marécageuses et produisent des joncs, des herbes abondantes mais longues, dures, peu nutritives.

Les prairies *grasses*, arrosées par les eaux des cours, des fumiers; les prairies *moyennes*, bien placées, donnent de bonnes herbes.

Les prairies *maigres* fournissent les prés secs, et occupent les côteaux, les montagnes.

Les herbes des prairies naturelles varient selon la composition et la nature des terrains.

Les plantes des prés sont *bonnes* (alimentaires, assaisonnantes), ou *indifférentes* ou *nuisibles*.

L'établissement d'une prairie naturelle comporte un bon nettoyage de la terre par des cultures, des façons, des défoncements. Il faut bien choisir la semence et bien entretenir les prairies en les arrosant, en les desséchant selon les besoins et la situation, en les étaupinant, en répandant sur le sol des engrais et en extirpant les mauvaises herbes.

Les prairies, suivant leur qualité, donnent jusqu'à 80 quintaux de fourrage, de 50 kilos, par hectare.

Prairies artificielles. — Les *prairies artificielles* sont des herbages composés de une, deux ou trois espèces de plantes ensemencées par l'homme et destinées à être fauchées.

Les prairies artificielles subsistent quelque temps pour être ensuite remplacées par une autre culture. Aussi les appelle-t-on *temporaires*.

Elles ont l'avantage de donner beaucoup de produits de bonne qualité et de nourrir beaucoup de bétail.

Elles suppriment aussi la *jachère improductive*.

Parmi les espèces entrant dans la composition des prairies artificielles, les unes sont *vivaces*, d'autres *annuelles*.

Nous allons parler des espèces suivantes : la luzerne, le trèfle, le sainfoin, la minette, l'orge escourgeon, la vesce, la gesse, la jarosse, le lupin, le trèfle incarnat.

Luzerne. — La *luzerne* est une plante vivace qui aime les terres profondes, ameublies, surtout un peu fortes et riches d'engrais.

Elle craint la sécheresse et l'excès d'humidité.

La semence doit être nette. On la répand au printemps ou en automne, à la dose de 20 kilos environ par hectare.

La culture de la luzerne réclame quelques sarclages, l'arrachage des mauvaises herbes, puis — à la 2e, 3e année — du plâtre, du purin, des engrais.

La luzerne fournit, en moyenne, 8.000 kilos de foin sec par hectare.

Trèfle. — Le *trèfle* redoute la sécheresse et l'humidité.

Ses produits sont abondants sur des terrains fertiles et profonds.

Où le sainfoin se plait, le trèfle semble ne pas trop prospérer.

Le trèfle se sème ordinairement au printemps, à la dose de 10 à 25 kilos, par hectare.

Le trèfle occupe peu la terre, ses produits ne sont abondants que pendant un ou deux ans.

Son rendement est de 4,000 à 10,000 kilos.

MINETTE. — La *lupuline* ou *minette* se sème au printemps, seule ou avec l'orge, l'avoine.

Il faut en moyenne 15 kilos de semence par hectare.

SAINFOIN. — Cette légumineuse redoute la gelée, elle se sème ordinairement au printemps, à raison de 4 à 5 hectolitres par hectare, seule ou associée à une céréale.

Le rendement par hectare est de 4,000 à 6,000 kilos.

ORGE ESCOURGEON. — L'*orge* est semée en automne et est consommée verte au printemps.

On ensemence 3 à 4 hectolitres à l'hectare.

VESCE. — On sème à l'automne ou au printemps, 2 à 3 hectolitres par hectare.

Le rendement de la vesce est de 10,000 à 12,000 kilos de fourrage sec, et de 20,000 à 35,000 kilos de fourrage vert.

GESSE. — Il faut 3 à 4 hectolitres de semence par hectare.

Le plus souvent on sème au printemps.

On fauche la gesse lorsque les gousses sont bien formées.

JAROSSE. — Pour fourrage on sème en septembre 2 à 3 hectolitres de semence.

Semée au printemps, la jarosse donne des coupes moins abondantes.

Pour fourrage, on fauche à la floraison et on engrange avant dessiccation complète.

LUPIN. — On répand, par hectare, 70 à 90 kilos de semence. On sème au printemps, dans les pays où l'hiver est rigoureux.

Pour fourrage, on sème quelquefois le lupin blanc avec le farouch.

Trèfle incarnat. — Le farouch ou trèfle incarnat se sème après les céréales, en août ; on répand 20 kilos de semence par hectare.

On fauche en mai.

On récolte de 20.000 à 30,000 kilos par hectare de fourrage vert.

VINGT TROISIÈME LEÇON

Récolte du produit des prairies : Fauchage. — Fanage. — Emmeulage. — Emmagasinage. — Récolte des graines de trèfle, de luzerne et de sainfoin. — Plantes et animaux nuisibles aux pâturages et aux prairies.

Récolte du produit des prairies. — Le fauchage, le fanage, l'emmeulage et l'emmagasinage sont les opérations principales de la récolte du produit des prairies.

Fauchage. — Le fauchage est l'opération qui consiste à couper les herbes des prairies naturelles et artificielles.

La *fauchaison* se pratique à propos lors de la floraison des plantes. Plus tôt, elles seraient trop aqueuses : plus tard, trop dures.

On fauche à l'aide de la *faux* ou au moyen de machines appelées *faucheuses*.

L'herbe que le faucheur abat à chaque pas qu'il fait prend le nom d'*andain*.

Fanage. — Le *fanage* ou *fenaison* est l'action de dessécher les *andains* en les retournant souvent avec une fourche en bois.

Le soir, pour préserver l'herbe de la rosée de la nuit on la met en petits tas.

Le lendemain on l'étale de nouveau, et une fois sèche on la réunit en meules.

Si le temps n'est pas favorable, la fenaison se fait mal et le foin risque fort d'être mal préparé.

En tout cas, pendant le fanage, il faut éviter, autant que possible, d'exposer le foin à des alternatives de pluie et de soleil.

Emmeulage. — L'*emmeulage* consiste à mettre en *meules* ou *meulons* les andains fanés. Ainsi entassé, le foin *jette son feu*, se dessèche pour être ensuite transporté dans les fenils.

Emmagasinage. — L'*emmagasinage* ou l'*engrangeage* consiste à rentrer les foins dans les granges, dans des bâtiments couverts.

Le *foin* se récolte en juin, juillet.

Le *regain* ou deuxième coupe se fait dans les mêmes conditions que le foin et se récolte généralement au commencement de l'automne.

En moyenne, le fourrage vert pèse quatre fois plus que le foin.

Récolte des graines de trèfle, de luzerne et de sainfoin. — On fauche les tiges de *trèfle* quand les têtes sont noirâtres. On les fait sécher, on les botelle, puis, dans l'arrière saison, on les bat et on nettoie les graines que l'on conserve en lieu sec.

Les *graines de luzerne* sont mûres quand elles sont d'un beau jaune. Elles sont traitées comme les graines de trèfle.

Quand l'enveloppe extérieure des *graines de sainfoin* est d'un gris jaunâtre on fauche les tiges, on laisse sécher les aindains, ensuite on les bat.

Plantes nuisibles aux prairies. — Parmi les plantes nuisibles aux prairies et aux pâturages, nous citerons :

1° La *cuscute* qui attaque le lin, le chanvre, le houblon et surtout le trèfle et la luzerne.

Après arrachage de la cuscute on préconise le sulfate de fer en solution pour la détruire.

2° Les *orobanches* se nourrissent aux dépens du trèfle, de la luzerne, du tabac, du chanvre.

En culture sarclée on les détruit facilement, mais dans les herbages, il n'y a que le défrichement qui puisse les faire disparaître.

3° La *puccinie* du trèfle, le *spumaria* du sainfoin sont autant de parasistes malfaisants.

4° Les *renoncules*, surtout la scélérate, l'âcre, sont dangereuses. Elles perdent leur causticité après dessiccation.

5° Les *ellébores* aiment les endroits ombragés, les bords des chemins. Après dessiccation elles ne sont pas malfaisantes.

6° Le *souci des marais*, les *euphorbes*, les *mercuriales*, le *redoul*, le *colchique d'automne*, les *vératres*, etc, sont des plantes nuisibles.

7° Il en est de même des *coquelicots*, des *ciguës*, de l'*ivraie enivrante*, des *jusquiames*, de la *morelle noire*, de la *digitale*, etc.

8° Les *ajoncs*, les *genêts*, les *ronces*, etc., sont des plantes piquantes ou tranchantes.

9° Les mousses, les fougères, les joncs, les patiences, les mauves, etc., sont des plantes inutiles sous le rapport de l'alimentation.

Animaux nuisibles aux prairies. — Citons : 1° Les *taupes* qui nuisent particulièrement aux prairies.

2° Le *ver blanc* ou larve du hanneton mange les racines de luzerne, de betterave, de pommes de terre.

3° La *courtilière* ou taupe grillon, ronge les racines en creusant des galeries.

4° Quelques espèces de *sauterelles* ravagent les récoltes.

Le hérisson, plusieurs oiseaux domestiques et la plupart de ceux qui vivent à l'état sauvage, rendent des services à l'agriculture en détruisant les chenilles, les insectes.

VINGT-QUATRIÈME LEÇON

Assolement. — Jachère. — Divisions des assolements.

Assolement. — Labourer un terrain, le fertiliser ne suffit pas pour obtenir de bonnes récoltes. Il faut absolument que, sur ce même terrain, les cultures soient variées. Autrement dit, si l'on cultive sur une terre les mêmes plantes, cette terre finit par s'épuiser et par ne plus fournir les éléments nécessaires à la nutrition de ces mêmes végétaux.

On entend par *sole*, *la partie* des terres arables d'une ferme qui reçoit successivement chacune des cultures faisant partie de l'assolement ou rotation.

On entend par *assolement* la *succession de cultures* établies sur une même sole ; ce *roulement de cultures* s'appelle aussi *rotation*.

L'*assolement* dérive de l'observation de l'alternance naturelle des espèces végétales sur les terres non cultivées.

De sorte qu'une succession de culture bien raisonnée, ou une alternance bien pratiquée concourt à maintenir la fertilité du sol.

Un changement de rotation n'a jamais lieu sans une perturbation au moins momentanée ; il exige donc des cultivateurs beaucoup de discernement, une grande justesse de vues.

Le *choix* et *l'application* d'un bon assolement supposent, chez le cultivateur, la connaissance exacte :

1° De la puissance et de la fécondité du sol,

2° Des conditions particulières du climat, des plantes,

3° De l'exploitation des produits, de la consommation, du commerce, de l'économie du bétail,

4° De l'action, de la valeur et de la production des engrais.

Avant de parler des divers assolements, disons un mot de la jachère.

Jachère. — La *jachère* est le repos d'une terre arable à laquelle on ne confie pas de récolte pendant un temps plus ou moins prolongé.

L'usage de la jachère repose sur cette idée que le sol éprouve une sorte de fatigue et s'épuise après une série de récoltes.

Dans certaines circonstances comme le manque de bras, de fumier, le très-peu de fertilité des terres, etc., la jachère est indispensable.

Mais généralement on supprime les jachères et on s'en trouve bien.

Division des assolements. — La base de tout assolement [illegible] qui consiste en une culture sarclée, c'est-à-dire en une culture qui a pour effet — par des binages, des sarclages, — de nettoyer le sol.

[illegible] — [illegible]

Nous divisons [illegible] biennal, [illegible].

Assolement biennal. — [illegible]

[illegible]

1re année : [illegible];

2e année : Blé ou seigle.

[illegible]

Assolement triennal. — [illegible] triennal, sur les terres [illegible] plantes que l'assolement [illegible].

1re année : Jachère;

2e année : Blé ou seigle;

3e année : Avoine ou orge.

Le cultivateur [illegible] — s'il est possible — de supprimer la jachère, [illegible] de l'extension aux cultures d'été : maïs, pois, vesces, pommes de terre, betteraves, carottes, [illegible] — et c'est un point très-important — de fournir du fourrage au bétail et par conséquent des engrais aux terres.

Assolement quadriennal. — L'assolement quadriennal supprime la jachère, c'est-à-dire que la terre reste toujours productive.

Dans l'assolement quadriennal, des plantes, différant les unes des autres, sont cultivées *alternativement* sur les mêmes soles.

Comme type d'assolement alterne ou quadriennal mentionnons l'assolement de norfolk :

1re Année : Racines, c'est-à-dire betteraves, ou pommes de terre, ou turneps fortement fumés et semés après plusieurs labours et plusieurs plombages.

2e année : Céréales, c'est-à-dire avoine ou orge en automne ; au printemps, trèfle que l'on coupe après la moisson.

3e année : Trèfle qu'on enfouit après la coupe.

4e année : Céréale, c'est-à-dire froment.

Le cadre restreint de notre ouvrage ne nous permet pas de donner les nombreux exemples d'assolements à adopter selon la *nature des divers terrains* et selon *les climats*.

LIVRE IV

Les arbres forestiers. — Les arbres à fruits. Les jardins.

—

VINGT-CINQUIÈME LEÇON.

Arbres : Structure de la tige. — Division des bourgeons. — Utilité des arbres. — Multiplication des arbres : Semis, greffe, bouturage, marcottage.

STRUCTURE DE LA TIGE. — DIVISION DES BOURGEONS. — Les *arbres* ou *végétaux ligneux* sont vivaces.

La *tige* ou *tronc* des arbres se divise, à une certaine hauteur au-dessus du sol, en branches, rameaux, ramuscules, etc. Ces divisions portent les feuilles, les fleurs et les fruits.

La coupe transversale d'un tronc ou d'une branche d'arbre présente une série de couches circulaires et concentriques qui sont, de dehors en dedans, *l'écorce*, le *corps ligneux* et la *moelle*.

L'*écorce* est l'enveloppe extérieure des plantes ligneuses, c'est-à-dire de la tige, des rameaux et des racines.

Le *corps ligneux*, compris entre l'écorce et la moelle, se partage souvent en deux parties distinctes : l'une intérieure du côté de la moelle est le *bois*, l'autre extérieure du côté de l'écorce est l'*aubier*.

La *moelle* est située dans la partie la plus interne de la tige.

La moelle est abondante, gorgée de sucs dans les jeunes sujets ; elle est sèche dans les tiges anciennes.

L'*accroissement* des arbres, comme dans toutes les plantes, se fait en diamètre et en hauteur.

Le bois, suivant les espèces, est *dur* ou *léger*. Il présente aussi une écorce plus ou moins *lisse*, *rugueuse* ou *irrégulière*.

Les *bourgeons* produisent, les uns, des rameaux et des feuilles ; les autres, des fleurs. Il en est qui donnent à la fois des feuilles et des fleurs.

Le développement des bourgeons commence en été.

UTILITÉ DES ARBRES. — Les arbres concourent à la fertilité du *sol*. Ils rendent propres à la culture les terrains les plus arides. Ainsi les arbres verts (les pins) ont amélioré la Champagne, la Sologne, les Landes.

Les arbres agissent moins bien sur les *plantes* en interceptant les rayons solaires, en arrêtant la pluie et la rosée, etc.

Les montagnes maigres, à pente très-raide, peuvent s'améliorer à la longue par la culture des arbres.

Les arbres retiennent les terres. Aussi ont-ils leur raison d'être sur le bord des chemins, des ruisseaux, des ravins, sur les berges.

Les arbres offrent, en outre, des produits les plus utiles et les plus variés.

Multiplication des arbres. — On multiplie les arbres à l'aide de semis, de la greffe, de la bouture et de la marcotte.

Semis. — Les *semis* se font en pépinière ou bien sur place.

1° La *pépinière* est un terrain, un enclos, où on élève de jeunes plants destinés à être transplantés ailleurs.

Le terrain de la pépinière doit être léger, profond et très-meuble.

Généralement on sème à la volée et, autant que possible, à une distance proportionnée au développement futur des plantes.

Les semis en pépinière se font en mars, avril, ou en automne.

2° On sème *sur place* ou *à demeure* le chêne, le hêtre, le sapin, la plupart des arbres forestiers.

Il en n'est pas de même des arbres fruitiers à moins qu'on veuille les faire végéter sur la même place.

Les semis à demeure se font aux mêmes époques que les semis en pépinière.

De la greffe. — *Greffer* est l'action de placer sur un végétal une portion vivante d'un autre végétal, dans le but de réunir et de confondre ces deux êtres en une seule plante.

Il importe beaucoup que les deux végétaux se rapprochent par leur mode d'organisation, c'est-à-dire qu'ils soient de la même espèce, du même genre, ou au moins de la même famille.

La partie greffée s'appelle *greffe*. On désigne sous le nom de *sujet* le pied sur lequel est implanté la greffe.

L'utilité de la greffe consiste à conserver, à améliorer et à multiplier des espèces et des variétés de plantes d'ornement et d'arbres fruitiers.

Le *greffoir* est l'instrument qui sert à greffer. Il se compose d'une lame d'acier et d'une spatule en os ou en ivoire.

Les manières de greffer se rapportent aux principaux procédés suivants : *Greffe par approche, greffe en fente, greffe en écusson.*

Greffe par approche. — Le *greffe par approche* consiste à mettre à nu, sur les deux parties correspondantes, les deux plantes voisines que l'on doit ensuite tenir en contact à l'aide de ligatures ou de matières agglutinatives : de l'argile additionnée de bouse de vache (onguent de St-Fiacre), ou de la cire à greffer.

Lorsque la soudure est complète on coupe la *greffe* au-dessous et le sommet du *sujet* au-dessus de ce point d'union.

Greffe en fente. La *greffe en fente* ou *ente* se pratique ainsi :

La greffe qui est un petit rameau bien sain, est muni de deux ou trois yeux.

Le sujet est scié transversalement et, avec la serpette, on unit la section que l'on vient de faire. Puis à l'aide d'un couteau ou d'une serpette on fend à petits coups de maillet. Un petit coin de bois est placé dans la fente. Ensuite on introduit la greffe — dont la base est taillée en biseau — au milieu de la fente, et on retire le morceau de bois.

Enfin on lie et on protège avec un mélange agglutinatif.

Si le sujet est plus gros que le rameau que l'on veut greffer, on place deux greffes, l'une à chaque bord de la fente.

Si le sujet est trop gros on *greffe en couronne.*

Pour la *greffe en couronne* on place les rameaux autour du sujet, dans des fentes pratiquées entre le bois et l'écorce.

Il n'est pas indispensable de couper la tête du sujet avant les insertions.

Greffe en écusson. — On pratique la *greffe en écusson* en enlevant un petit disque d'écorce sur la branche de la plante que l'on veut greffer.

Cette lame d'écorce est garnie d'un œil. Puis on enlève un disque semblable sur le sujet auquel on substitue le premier.

On lie ensuite avec un fil de laine.

La moindre gelée fait périr cette greffe.

Si, au lieu d'un disque, on ne prend uniquement que le bouton que l'on place dans un anneau d'écorce du *sujet*, on opère de cette façon la *greffe en flûte*, la *greffe en sifflet*.

Bouture. — Les plantes se reproduisent par *bouture*. Le bouturage consiste à planter en terre ou à plonger dans l'eau un rameau portant un ou plusieurs bourgeons. Ce rameau devient un nouvel individu.

Marcottage. — *Marcotter* c'est courber et mettre en terre un rameau ou une tige. Quand ce rameau ou cette tige a poussé des racines on le sépare de la souche-mère, pour le planter ensuite comme on plante les végétaux venus de semis.

Le provignage est le *marcottage des vignes*.

VINGT-SIXIÈME LEÇON

Classification des arbres. — Arbres forestiers : Chêne, hêtre, orme, peuplier.

Classification. — Nous divisons les arbres en *arbres forestiers* et en *arbres fruitiers*.

Les premiers comprennent : le chêne, le hêtre, l'orme, le peuplier, le frêne, le tremble, le platane, l'alizier, le bouleau, l'érable, le charme, l'acacia, le mérisier, le châtaigner, le marronnier d'Inde, l'aune, le saule, le tilleul, l'aubépine, l'osier, le pin, le sapin, le mélèze, le cèdre, le cyprès, le fusain, le noisetier, le sureau, le genevrier, le buis, le houx, l'ajonc.

Les seconds : l'olivier, l'amandier, le pommier, le poirier, le cognassier, le prunier, le pêcher, l'abricotier, le figuier, le groseiller, le framboisier, le néflier, le noyer, le mûrier, la vigne.

Arbres forestiers. — Les arbres forestiers forment les forêts, les bois, les taillis, les futaies.

Les *forêts* sont de vastes étendues de terrains plantés d'arbres exploités pour les constructions, pour le chauffage, etc.

Les *bois* sont d'une moins grande étendue que les forêts.

Les *taillis* sont des bois que l'on coupe de temps en temps : les *jeunes taillis* de 7 à 10 ans, les *moyens taillis* de 10 à 20 ans, les *hauts taillis* de 20 à 30 ans.

Les *futaies* sont des arbres que l'on ne coupe qu'après leur entier développement.

Suivant leur âge et leur degré de croissance, les futaies sont distinguées en *jeune futaie* (40 ans d'âge), *demi-futaie* (40 à 60 ans), *haute futaie* (60 à 120 ans), *vieille futaie* (120 à 200 ans), *futaie sur le retour* (futaie qui dépérit).

Les arbres forestiers fournissent non seulement des matériaux indispensables à l'industrie, à l'économie domestique, mais encore ils procurent quelquefois une source de fourrages ou de quelques autres produits.

La multiplication des arbres forestiers se fait par les *semis* ou parla *plantation*.

Définissons l'élagage, l'émondage, le recépage.

L'*élagage* consiste à couper les branches d'un arbre à une plus ou moins grande hauteur dans le but de favoriser le développement et la croissance de la tige.

Emonder c'est retrancher les branches latérales jusqu'à une certaine hauteur et de couper celles qui sont inutiles.

Le *recépage* est l'action de recéper, c'est-à-dire de couper près de terre un plant, afin de lui faire pousser des jets plus forts.

Le chêne. — Il existe plusieurs variétés de chêne.

Son bois, très-dur, est très précieux pour les constructions, et très-bon à brûler.

L'écorce, en usage en médecine, fournit le *tan* pour préparer les cuirs, et celle du chêne-liège procure la substance appelée *liège*.

Le gland, fruit du chêne, est donné en nourriture aux porcs.

Les feuilles servent de litières.

La réussite du chêne est plus sûre par le semis en place, que par la transplantation.

Le chêne vit plusieurs siècles.

Le hêtre. — Le hêtre se reproduit de graines et fournit un bois propre au chauffage et à la construction.

Il ne lui faut pas un terrain marécageux, humide.

Son fruit, appelé *faine*, fournit une huile utilisée dans l'industrie.

L'orme. — L'orme se multiplie de semis, est excellent pour le charronnage et se plait sur les terrains profonds et frais.

Le peuplier. — Le peuplier aime les terrains frais, humides, aux bords des eaux. Son bois est blanc, léger, peu résistant.

Ses feuilles sèches sont employées en litière.

Les bourgeons servent à fabriquer l'onguent populeum.

VINGT-SEPTIÈME LEÇON

Suite des arbres forestiers : Frêne, tremble, platane, alizier, bouleau, érable, charme, acacia, mérisier, châtaigner, marronnier d'inde, aune, saule, tilleul, aubépine, osier, pin, sapin, mélèze, cèdre, cyprès, fusain, noisetier, sureau, genevrier, buis, houx, ajonc.

Le frêne. — Le frêne est très-employé dans le charronnage et l'ébénisterie.

Ses feuilles desséchées fournissent un bon aliment pour l'hivernage des bestiaux.

Le tremble. — Le tremble est une espèce de peuplier qui abonde dans les forêts.

Le platane. — Le platane peut acquérir un grand volume. On l'emploi dans la charronnerie et dans la menuiserie.

L'alizier. — L'alizier, encore appelé *allouchier*, fournit un bois très-compacte qui sert à faire des montures d'outils.

Ses fruits, dit *alises*, sont de petites baies que l'on mange après le blettissement.

Le bouleau. — Le bois de bouleau est employé au chauffage et à la confection d'outils, de cercles, de sabots.

L'érable. — Le bois de cet arbre est propre à la fabrication des instruments de musique et à l'ébénisterie.

Les bestiaux recherchent ses feuilles.

Le charme. — Le charme peut être cultivé en haie et dans les jardins sous le nom de charmille.

Il est très-bon pour le chauffage.

L'acacia. — L'acacia produit un excellent bois pour l'ébénisterie et la construction.

Ses fleurs exhalent une odeur suave.

Le merisier. — Le bois du merisier ou du cerisier sauvage est employé dans la menuiserie et l'ébénisterie.

Son fruit (*merise*) sert à fabriquer le kirsch.

Le chataigner. — Cet arbre est très-précieux. Son bois est utilisé pour les constructions, les cercles, les échalas, etc.

L'homme fait usage de son fruit (châtaigne, marron) pour son alimentation.

La châtaigne constitue aussi un aliment très-sain pour les animaux.

Les châtaignes se multiplient de semence.

On peut les greffer en sifflet ou en flûte.

Les châtaigners sont très-répandus dans la Corrèze, la Dordogne, la Haute-Vienne, le Lot, la Lozère, la Gironde, etc.

Le marronnier d'Inde. — Le marronnier d'Inde est l'arbre d'ornement des parcs et des promenades.

Son fruit n'est pas recherché des animaux.

L'aune. — L'aune ou *aulne* croît rapidement. Son bois n'est guère propre qu'au chauffage.

Le saule. — Le saule aime les lieux humides, le bord des cours d'eau.

Le saule blanc est ordinairement exploité en têtard comme bois de chauffage.

Le tilleul. — Le tilleul fournit un bois dur et donne un charbon léger.

Ses fleurs sont utilisées en médecine.

L'aubépine. — L'aubépine sert à établir des haies vives ou des clôtures.

Ses jeunes pousses sont broutées par les chèvres.

L'osier. — Les pousses annuelles de l'osier sont coupées, elles sont extrêmement flexibles et servent à faire des liens, des paniers, etc.

Le pin. — Le bois de pin est excellent pour la construction.

La *pomme de pin*, fruit du pin, mûrit en deux ou trois ans.

Le sapin. — Le bois de sapin sert à la charpenterie et à la menuiserie.

Le mélèze. — On extrait du mélèze, arbre abondant sur les Alpes, une sorte de résine connue sous le nom de *térébenthine de Venise*.

Le cèdre. — Le cèdre est rare en France.

Le cyprès. — Le cyprès ne se cultive que pour l'ornement.

Le fusain. — Le bois de cet arbre sert à faire des fuseaux, etc.

Son charbon est employé par les dessinateurs et pour fabriquer la poudre.

Le noisetier. — Le noisetier ou coudrier fournit un bois flexible et résistant.

Son fruit, appelé *noisette*, est agréable et sain.

Le sureau. — Les fleurs de sureau sont d'un très-grand usage en médecine vétérinaire.

Le genevrier. — Le genevrier appartient aux terrains incultes et surtout calcaires.

Ses petits fruits *(baies)* sont employés en médecine.

Le buis. — Le bois de buis est compacte et propre à la tabletterie.

Le buis forme les bordures de nos jardins.

Le houx. — Le houx sert à faire des haies vives.

L'ajonc. — L'ajonc peut être cultivé pour le chauffage, pour les clôtures et comme fourrage. Dans ce dernier cas, les rameaux sont coupés, écrasés, hâchés et administrés économiquement au bétail.

VINGT-HUITIÈME LEÇON

Arbres fruitiers : Olivier, amandier, pommier, poirier, cognassier, prunier, pêcher, abricotier, figuier, groseiller, framboisier, néflier, noyer, mûrier.

Arbres fruitiers : forme a leur donner. — Taille. — Les *arbres fruitiers en plein vent* sont ceux qu'on abandonne après la plantation à leur développement naturel.

Les *vergers* sont des enclos plantés d'arbres fruitiers.

Le verger doit être placé, autant que possible, près la maison et attenant au jardin potager.

Parlons de la forme à donner aux arbres fruitiers ainsi que de la taille.

Espaliers. — On entend par espalier l'écartement en éventail des branches des arbres fruitiers.

L'exposition du levant et celle du midi sont considérées comme très-bonnes.

On ne doit jamais abriter l'espalier par d'autres plantes.

L'*espalier à la Montreuil* s'opère de cette façon :

La première année, on supprime les bourgeons mal placés.

La deuxième année, on choisit, au-dessus de la greffe, deux branches mères latérales provenant des bourgeons développés et que l'on dirige en V. Ensuite les autres bourgeons sont enlevés, la tige est rabattue sur la branche mère la plus élevée et on taille les deux branches mères au-dessus du cinquième œil.

La troisième année, on choisit deux montants parmi ceux qui sont placés au-dessus de chacune des deux branches mères formant le V, et deux montants parmi ceux qui sont situés au-dessous.

Les montants supérieurs sont taillés au-dessus du cinquième œil, et, les inférieurs, sur le troisième.

On taille les bourgeons extrêmes des deux branches mères jusqu'au dessous du sixième œil.

Les autres années, on dirige et on taille, comme précédemment, les branches de troisième, quatrième et cinquième formation.

Les lacunes étant garnies on laisse l'arbre porter des fruits.

Pour l'*espalier en éventail*, les branches mères sont plus nombreuses.

Le *contre-espalier* n'est pas adossé contre un mur mais à un treillage.

Les arbres fruitiers sont aussi taillés en *quenouille*. Les quenouilles sont pyramidales ou fusiformes.

TAILLE. — On taille soit avec la *serpette*, soit avec le *sécateur* (outil en forme de ciseaux).

L'opération de la taille, qui consiste à couper un certain nombre de branches, a pour but de donner aux arbres fruitiers une forme particulière, de faire produire beaucoup de fruits.

Palisser c'est étendre et attacher les branches d'un espalier contre un mur ou à un treillage.

Afin d'égaliser la répartition de la sève il faut, pour les branches de la partie forte : tailler court, les incliner, laisser beaucoup de fruits;

Pour les branches de la partie faible : tailler long, les redresser, supprimer les fruits.

Si on incline les branches on obtient des boutons à fruits, si on les redresse on obtient des boutons à bois.

Si l'on coupe une branche, il faut que la section soit faite en biseau, de bas en haut, et près d'un bouton.

La taille des arbres fruitiers se pratique après les fortes gelées.

L'OLIVIER. — L'olivier craint le froid. En France, sa culture est bornée, vers la Méditerranée, à sept ou huit départements.

Le fruit de l'olivier fournit la meilleure huile.

Le bois de l'olivier est dur. Ses feuilles peuvent être utilisées comme fourrage.

On le multiplie de rejetons ou de boutures.

On greffe en fente.

L'AMANDIER. — L'amandier est cultivé dans le midi de la France.

L'*amande*, qui est son fruit, est douce ou amère.

LE POMMIER. — Le pommier est greffé sur pommier franc, plant provenant des semis de pépins ; il est greffé aussi sur deux autres espèces : le *doucin*, et le *paradis*. Le *sauvageon*, né dans les bois, est aussi employé pour sujet.

Les fruits, connus sous le nom de *pommes*, sont mangés ou transformés en cidre.

Le cidre [illegible].

La culture des [illegible] plus répandue.

LE POIRIER. — Le poirier [illegible] l'exposition [illegible] que le pommier.

Le poirier se greffe sur sauvageon, ou sur franc, ou sur cognassier.

Les poires d'été [illegible] sont généralement bonnes.

Il en est de même [illegible], de celles d'automne.

Quelques poires d'hiver se mangent crues, d'autres cuites.

LE COGNASSIER. — Les fruits du cognassier servent à faire des confitures.

Le cognassier est réservé presque exclusivement pour la greffe des poiriers

LE PRUNIER. — Généralement, pour reproduire les variétés de pruniers on se sert de la greffe.

Les rejetons ou les plants venus de semis servent de sujet.

La *reine-claude* est la meilleure des prunes.

Les pruneaux sont des prunes qu'on a fait sécher.

LE PÊCHER. — Le pêcher se greffe à l'écusson, sur franc, sur prunier ou sur amandier.

Il est beaucoup cultivé dans le midi, le centre et l'ouest de la France.

Il fournit un fruit excellent appelé *pêche*.

L'Abricotier. — L'abricotier se greffe en fente, sur franc ou sur prunier.

Il donne des fruits *(abricots)* d'une saveur agréable.

Le Figuier. — Le figuier ne se taille ni ne se greffe. Il se multiplie par les rejetons.

Son fruit s'appelle *figue*.

Le Groseillier. — Le groseillier se multiplie par bouture, et on le taille en février ou mars.

Le *groseiller ordinaire* donne des fruits *(groseilles)* blancs ou rouges.

Le *cassis* est le groseillier noir.

Le *maquereau* est le groseiller épineux.

Le Framboisier. — Les fruits du framboisier sont blancs ou rouges.

On coupe en février les rameaux qui ont déjà porté des fruits.

Le Néflier. — Les fruits, appelés nèfles, sont mangés après le blettissement.

Le néflier se multiplie par la greffe en fruits sur le néflier des bois.

Le Noyer. — Le noyer se reproduit de semis, on le greffe en flûte.

Les *noix*, fruits du noyer, sont mangées par l'homme ou fournissent, par expression, une huile grasse.

Le bois du noyer est précieux pour la menuiserie, l'ébénisterie.

Le Mûrier. — Les feuilles du mûrier nourrissent les vers à soie et sont cueillies au fur et à mesure des besoins.

VINGT-NEUVIÈME LEÇON

Suite des arbres fruitiers : La vigne.

La Vigne. — La vigne est l'arbuste qui porte le raisin.

Le *raisin* est le fruit dont on fait le vin.

Le *cep* est le tronc, le pied, la souche ou la tige de la vigne; les *sarments* en sont les rameaux allongés, et les *pampres*, les feuilles.

Les climats tempérés; les expositions du midi et du levant sur des collines peu élevées ou sur la pente des côteaux peu inclinés; les terrains granitiques, volcaniques, calcaires, à sous-sol où l'humidité pénètre facilement; les fumures au moyen des balayures des villes, des décombres de bâtiments, de la marne, de la chaux, des marcs de raisin, des cendres lessivées, des terres de bonne qualité, des composts, etc., conviennent à la vigne.

Les *plants* doivent être bien choisis pour former les vignes. Les viticulteurs grands et petits emploient tel ou tel plant. Ils ont leurs préférences.

Il faut remarquer que les cépages américains sont spécialement recommandés pour la reconstitution de nos vignobles phylloxérés.

On peut *multiplier* la vigne par les semis, par la greffe, mais principalement par les marcottes enracinées (appelées barbues, chevelues, etc.) et par les boutures (appelées plants, crossettes, etc.)

La *plantation* de la vigne se fait dans de longues tranchées ou dans des trous préparés d'avance. Dans ces tranchées, dans ces trous on répand du fumier.

Dans tous les pays vignobles on ne plante pas la vigne de la même façon et on espace plus ou moins les ceps suivant l'usage des contrées.

Pour *tailler* la vigne on emploi la serpette ou de préférence le sécateur.

L'année après la plantation on taille au-dessus de l'œil le plus près de terre. Les pousses de dessous serontsupprimées.

L'année qui suit, on taille les bourgeons de l'année passée au-dessus du troisième œil.

Les années suivantes on taille et on dirige la vigne.

On *taille long* ou on *taille court*. Dans le premier cas il y a quantité au détriment de la qualité. L'inverse a lieu dans le second cas.

Dans le sud, on taille en décembre, janvier. Dans le centre, le nord, on taille en février, mars.

Pour garnir les places vides, ou pour remplacer les

ceps qui ont péri ou qui sont languissants, improductifs, on procède au *provignage* c'est-à-dire au marcottage.

Les provins ou rejetons des pieds de vigne provignés, sont soutenus par des *échalas* faits surtout avec du bois de châtaigner. On échalasse aussi les cépages qui ne peuvent se soutenir par eux-mêmes.

Accoler c'est lier les sarments aux échalas.

Rogner c'est couper l'extrémité des sarments et refluer la sève dans les fruits.

Epamprer ou ébourgeonner c'est supprimer tous les jets qui ne portent pas de fruits ou qui sont inutiles.

Pour faire prospérer les vignes, il est nécessaire de leur prodiguer des soins, des *façons* d'entretien.

Après la taille, on débarrasse le sol des sarments et on commence à *fossoyer*. On donne ainsi la *première façon*.

La *seconde façon* se pratique aussitôt que le fruit est noué et on remue la terre moins profondément.

Il est bon de donner la *troisième façon* par un temps couvert et de n'opérer pour ainsi dire qu'un sarclage

La vigne est sujette à la *coulure* quand surviennent, à l'époque de la floraison, des pluies persistantes, des vents froids.

La maladie la plus meurtrière, la plus désastreuse — rebelle jusqu'à ce jour à tout traitement — est occasionnée par le *phylloxéra*.

Il y a aussi d'autres maladies principales, telles que l'*oïdium*, le *mildiou*.

Le *soufrage* paraît être le seul moyen efficace pour combattre l'oïdium.

Quand le raisin est mûr, on le récolte, on *vendange*.

Égrapper c'est séparer les râfles des grains. L'égrappage se fait plus ou moins complètement suivant les pays.

On pratique de différentes manières le *foulage*. Dans tous les cas, il est essentiel de bien écraser les raisins : la fermentation se fait mieux.

Les vins fins ne doivent pas cuver longtemps. Dans tous les cas on doit *décuver* avant que la fermentation ait cessé entièrement.

On *pressure* en soumettant le marc à l'action du pressoir.

Les vins placés dans les fûts éprouvent souvent une fermentation inopportune et acquièrent de l'amertume. Cette *pousse* s'arrête en transvasant les vins dans des barriques où on a fait brûler une mèche soufrée.

On fabrique sur une très-grande échelle des vins *sucrés*, des vins avec des *raisins secs*, etc. On plâtre aussi les vins, et la quantité maximum de plâtre employé est déterminée par des arrêtés.

Les *falsifications* des vins sont très-nombreuses.

TRENTIÈME LEÇON.

Les jardins. — Le verger : connaissance du poirier, du pommier, du pêcher, de l'abricotier, du prunier, du cerisier, de la vigne, du groseillier, du maquereau, du framboisier. — Récolte et conservation des fruits.

L'horticulture qui est l'art de cultiver des végétaux utiles et d'agrément, ne doit pas être négligée, car les jardins peuvent être une source de bénéfices notables, et, de plus, une source constante de produits pour l'homme et pour les animaux.

Les jardins entrent dans le domaine de la petite culture.

La *terre franche* est la meilleure aussi bien pour toutes les cultures que pour le jardinage.

Généralement, les expositions au midi, à l'est, au sud-ouest sont préférables aux jardins.

Pour créer un jardin, il faut le défoncer. Le défoncage est utile aux arbres comme aux légumes. En bêchant ou en défonçant on a soin d'enlever les pierres, les racines des mauvaises plantes.

Il est utile et quelquefois indispensable de mêler du *terreau* à la terre du jardin.

Les jardins exigent plusieurs soins.

On *laboure* au moyen de la bêche, de la pioche ou de la houe (pioche à lame large).

On *sarcle* avec la serfouette, petite houe dont une des deux extrémités est fourchue.

On *bine* à l'aide de la binette, sorte de truelle courbe.

Le *sarclage* se fait à la main avec le sarcloir.

Le *râteau* sert à égaliser et à nettoyer la terre façonnée du jardin.

La *ratissoire* s'emploie pour nettoyer les allées.

L'*arrosage* des jardins se pratique ordinairement à la main.

Pour préserver les plantes du froid on se sert de *paillassons*, de *cloches*, etc.

On divise les jardins, d'après leur destination :

1° Le *verger* ou jardin fruitier proprement dit;

2° Le *jardin potager* ou jardin légumier;

3° Le *parterre* ou jardin à fleurs.

Le verger. — L'arbre fruitier ne doit pas être livré à lui-même. Il importe de le tailler, sans quoi il s'épuiserait en donnant beaucoup de branches inutiles et se mettrait tard à fruits.

Conduite du poirier. — Voici les principales formes qui conviennent au poirier : Le cordon horizontal simple ou double, la pyramide, la quenouille, le fuseau, la corbeille.

Le *cordon horizontal* est la forme connue encore sous le nom d'*arbres à la jamin*.

La forme la plus usitée est celle *en pyramide*. On plante des sujets de 1 à 2 ans de greffe quand on veut avoir des poiriers pyramides. Ils sont espacés de 2 à 4 mètres suivant la qualité du terrain.

Les poiriers plantés en *espalier* ou *contre-espalier*, sont à une distance de 4 mètres en moyenne.

Conduite du pommier. — Le pommier greffé sur franc est dirigé en *pyramide* ou en *corbeille*.

Le pommier conduit en *cordon horizontal* peut décrire une ligne continue en greffant par approche l'extrémité d'un cordon sur le coude du cordon suivant.

Conduite du pêcher. — Le pêcher pour donner de bons fruits doit être cultivé en espalier, et les diverses formes du pêcher en espalier sont : la *palmette simple* (espacement des arbres de 8 à 10 mètres), la *palmette double* (de 5 à 8 mètres), la *forme carrée* (de 5 à 10 mètres), le V *ouvert* (forme à la Montreuil).

Conduite de l'abricotier. — Les abricotiers de plein vent, espacés de 6 mètres, donnent des fruits d'excellente qualité.

On donne la forme en éventail à l'abricotier en espalier.

Conduite du prunier. — Le prunier est l'arbre fruitier qui se taille le moins. L'espacement des pruniers de plein vent sera de 6 mètres.

La conduite de l'abricotier en espalier s'applique au prunier.

Conduite du cerisier. — Le cerisier de plein vent ne se taille pas beaucoup plus que le prunier.

Le cerisier en espalier peut être conduit soit en éventail, soit en palmette simple.

Conduite de la vigne. — Le meilleur raisin de dessert provient des espèces de vigne en espalier et en contre-espalier.

Conduite du groseiller, du maquereau, du framboisier. — Ordinairement on ne soumet ces arbustes à aucune taille régulière. Pourtant, par une bonne direction, on obtiendrait un plus grand rendement de fruits.

RÉCOLTE DES FRUITS. La *cerise* doit être cueillie *à son point*, c'est-à-dire complètement mûre.

Les *abricots* ainsi que les *pêches* sont récoltés lorsqu'ils se détachent aisément de leur support.

La cueillette de la plupart des *prunes* peut être attendue jusqu'au moment où ces fruits commencent à tomber d'eux-mêmes.

Il est temps de récolter les *pommes* et les *poires* quand — par un temps calme et en dehors de toute cause pouvant occasionner leur chute prématurée — on trouve, le matin à terre, des poires, des pommes parfaitement saines.

Le *raisin de table* doit être récolté le plus tard possible.

CONSERVATION DES FRUITS. — Le *fruitier* est l'endroit consacré à la conservation des fruits.

Les maisons où la récolte des fruits est importante, devraient avoir un *fruitier* plus long que large, voûté, frais, à l'abri de l'humidité, avec dressoirs horizontaux.

Si la récolte n'a pas beaucoup d'importance on peut conserver les fruits dans des caisses ou tiroirs superposés à partir du sol.

On ne doit jamais essuyer les poires et les pommes : c'est que l'enduit dont la peau des fruits est revêtue est utile à leur conservation.

TRENTE-UNIÈME LEÇON

Le jardin potager ou culture maraîchère : Asperge, artichaut, pois, pois-chiche, haricots, fèves, lentilles, carotte, navet, panais, radis, salsifis, scorsonère, betterave, pomme de terre, topinambour, oignon, poireau, ail, ciboule, échalotte, civette, choux-verts, choux-pommés, choux-fleurs, oseille, épinard, céléri, cardon, pourpier, persil, cerfeuil, estragon, cresson, laitue, mâche, chicorée, raiponce, brocoli, capucine, fraisier, melon, tomate.

Les *légumes vivaces* sont l'asperge, l'artichaut.

Les *légumes dont le fruit est en forme de gousse ou de silique* sont les pois, les haricots, les fèves, les lentilles.

Les *légumes dont on mange les racines* sont la carotte, le navet, le panais, le radis, le salsifis, la scorsonère, le scolyme, la betterave, la pomme de terre, le topinambour.

Les *légumes dont les bulbes sont comestibles* sont l'oignon, le poireau, l'ail, la ciboule, l'échalotte, la civette.

Les *légumes dont on mange les feuilles* sont le choux, l'oseille, l'épinard, le cardon, le pourpier, le persil, le cerfeuil, l'estragon, le cresson, la [illegible], le fenouil.

Les *légumes dont les feuilles sont mangées en salade* comprennent la laitue, la chicorée, la mâche, la raiponce.

Les *légumes dont on mange les fleurs* sont le chou-fleur, le brocoli, la capucine, la bourrache.

Les *plantes potagères cultivées pour leurs fruits* comprennent le fraisier, le melon, le [illegible], le cornichon, les courges, la [illegible], l'[illegible], le piment.

ASPERGE. — Au printemps, sur un sol meuble et bien fumé, on sème très épais en pépinière et en lignes. Puis on [illegible] un peu le terreau et on sarcle.

Deux ans après, les plants sont mis à demeure dans des fosses de 30 centimètres de profondeur et 1m 30 de largeur. Dans ces fosses on étend un bon lit de fumier et on y place des pattes d'asperges qu'on recouvre de terre.

La première année on sarcle, on bine. En novembre on [illegible] autour des plants.

A la deuxième année on découvre et on charge de fumier consommé les asperges.

On coupe ordinairement les asperges à la troisième année de la plantation.

ARTICHAUT. — L'artichaut se multiplie au moyen de rejetons ou *œilletons* détachés du pied, de haut en bas. Il se plaît la tête au soleil et le pied dans l'eau.

On plante à 1 mètre de distance, on sarcle, on arrose souvent.

POIS. — Un sol léger plutôt que fort convient à la culture du pois. Avant de revenir à la terre qui a porté des pois, on doit livrer celle-ci à une autre culture pendant un an au moins.

Pois-ramés. — Dans le nord on sème en avril, dans le midi, en automne.

Haricots. — On sème soit par touffes, soit en lignes.

Fèves. — On sème en février, mars, avril, en tiges ou par touffes.

Lentilles. — On sème en avril. Les lignes sont espacées de 25 centimètres.

Carotte. — La carotte se sème en ligne, depuis la fin de l'hiver jusqu'en juin pour la *carotte rouge longue*, en septembre pour la *carotte hâtive de Hollande*.

Navet. — En semant en avril et mai on a des navets hâtifs.

Panais. — Le panais se sème en mars et avril. Il est plus rustique que le navet.

Radis. — On sème en pleine terre, ou bien, au printemps on sème sur couche.

Salsifis. — Le salsifis est semé en mars et avril.

Scorsonère. — C'est une sorte de salsifis qui demande plus d'engrais et de chaleur.

Betterave, pomme de terre, topinambour. — Ces plantes appartiennent plutôt à la grande culture qu'au jardinage.

Oignon. — On sème par planches en mars et en avril. On recouvre le semis. On sarcle quand la graine se lève. En juin, on éclaircit, en distance de 10 centimètres.

Poireau. — On sème en mars, on repique en juin, en distance de 15 centimètres.

Ail. — On plante les gousses — la tête en haut — en mars à 8 centimètres de profondeur et à 15 centimètres de distance.

Ciboule. — On sème en mars, avril, mai. On repique en juillet.

Echalotte. — L'échalotte se plante comme l'ail.

Civette. — Cultivée ordinairement en bordures, la civette se multiplie par ses caïeux.

Choux-verts. — Les choux-verts ne pomment pas.

On sème en mars jusqu'en juillet. On repique le plant quand il a quelques feuilles.

Choux-pommés. — On sème en avril ou vers la fin de l'été. Dans le premier cas on met en place en mai, juin ; dans le second cas, on repique en octobre, novembre.

Choux-fleurs. — On sème ordinairement au printemps sur couche, ensuite en pleine terre. Puis on met en place.

Oseille. — Cultivée ordinairement en bordure, l'oseille se multiplie de semis ou par la séparation des touffes.

Epinard. — On sème, au printemps, de trois semaines en trois semaines. On sème aussi en août, septembre pour donner des produits de la fin automne jusqu'au commencement du printemps.

Céléri. — On sème au commencement du printemps, on repique ensuite les plants en lignes peu serrées. Quand le céléri s'élève on réunit ses feuilles en faisceau pour les faire blanchir.

Cardon. — Le cardon est semé en avril et on repique à 1 mètre de distance. En septembre on lie les feuilles et on enterre les pieds dans un endroit bien abrité.

Pourpier. — On sème en mai et en été, de quinzaine en quinzaine pour ne pas en manquer.

Persil. — On sème en mars, en avril.

Cerfeuil. — Au temps des chaleurs on sème à l'ombre. Le semis d'hiver se fait au commencement de l'automne.

Estragon. — Il se multiplie par la séparation des pieds.

Cresson. — Le cresson vient naturellement dans les ruisseaux, les fontaines, les étangs.

Laitue. — Les laitues de printemps sont semées en mars et repiquées en avril. Celles d'été : d'avril en juillet et repiquées un peu plus tard.

Celles d'hiver : en août, septembre et repiquées en octobre.

On lie la laitue pour la faire blanchir.

Mache ou doucette. — Pour en avoir longtemps on sème en août, septembre, tous les quinze jours.

Chicorée. — La chicorée se cultive comme la laitue.

Raiponce. — La raiponce se sème en juillet, août septembre.

Brocoli. — Le brocoli se cultive comme le choufleur.

Capucine. — La capucine se sème après les gelées.

Fraisiers. — Le fraisier se plante ordinairement en bordure.

Les filets ou *coulants* du fraisier servent à multiplier ce fruit.

Melon. — Le melon est semé sur couche.

Les melons provenant des semis en place sont tardifs.

On transplante quelques jours après la sortie de la graine. Quand les plants ont bien pris on supprime la tige qui vient du germe, et on attend que la plante ait noué ses fruits. On taille alors la branche à fruit à deux nœuds au-dessus du melon. Et à mesure qu'il se présente de nouvelles branches à fruit on les supprime.

Les melons demandent des soins assidus.

Concombres, citrouilles. — Les concombres, les citrouilles se cultivent à peu près comme les melons.

Tomate. — On sème sur couche et on repique.

On sème encore sur place.

TRENTE-DEUXIÈME LEÇON

Le parterre. — Animaux et insectes nuisibles aux jardins.

Le parterre ou jardin d'agrément. — Les *parterres français* présentent des plates-bandes droites ou circulaires, mais symétriques.

Les *jardins anglais* présentent des allées sinueuses

traversant un tapis de gazon orné çà et là de corbeilles de fleurs.

Voici les plantes composant les parterres :

Plantes grimpantes : Le lierre, la vigne-vierge, la glycine de la Chine, la clématite, le jasmin blanc, le jasmin de Virginie, les chèvrefeuilles, les aristoloches, les [illegible], le haricot d'Espagne, la capucine, le volubilis.

Plantes aquatiques : Le nénuphar à fleur jaune, le nymphéa blanc, [illegible], la menthe à feuilles rondes, [illegible], le myosotis.

Plantes [illegible] : [illegible] du Japon, [illegible], la digitale, la [illegible].

Plantes [illegible] : [illegible] la lavande, la [illegible].

[illegible], le renoncul[illegible] [illegible], la [illegible], le [illegible], le rosier.

Plantes [illegible] : [illegible], l'œillet de la [illegible].

[illegible], les phlox, les aconits, [illegible].

[illegible], les dahlias, le [illegible].

Plantes de serre tempérée : Le fuchsia, le camellia, la la cinéraire, la calcéolaire, le pelargonium.

Plantes de serre [illegible] : Les éricas, les pelargoniums, les cactées, les amaryllis.

Treillage des [illegible] : Volubilis, cobéas, haricots d'Espagne.

Treillage de terrasse : Clématite, chèvrefeuille, rosiers sarmenteux, jasmin de Virginie, glycine de la Chine.

Animaux et insectes nuisibles aux jardins. — Les *animaux nuisibles* sont la taupe, le rat, le lérot, le loir.

Parmi les *mollusques*, il y a les limaces, les limaçons.

Les *insectes nuisibles* sont le hanneton, l'altise ou tiquet ou puce de terre, l'eumolpe de la vigne, le rynchite-bacchus ou charançon vert de la vigne, la cantharide, la guêpe, la fourmi, le perce-oreille, la courtilière, le puceron vert, le puceron noir, les chenilles.

LIVRE V

Hygiène des animaux. — Cheval. — Ane. Mulet. — Bardot. — Bœuf. — Mouton. Chèvre. — Porc. — Chien — La basse-cour. — Abeilles. — Vers à soie. Police sanitaire. — Vices rédhibitoires. — Maladies des animaux domestiques. — Pharmacie de la ferme.

—

TRENTE-TROISIÈME LEÇON

Hygiène. — Alimentation : influence de la nourriture. — Les aliments. — Nourriture mauvaise, médiocre, de bonne qualité.

L'*hygiène* est l'art de conserver la santé.

L'hygiène des animaux domestiques est intimément liée à l'agriculture, elle en est le complément indispensable. C'est qu'en effet, l'agriculture emploie non seulement les animaux comme moteurs, mais encore elle réclame leurs fumiers et fournit au gros comme au petit bétail, les aliments nécessaires à leur entretien, à leur amélioration.

Avant d'aborder l'*hygiène spéciale*, c'est-à-dire l'hygiène appliquée à chacune de nos espèces domestiques, nous parlerons, d'une manière générale, de l'alimentation, des étables, des animaux, insectes et parasites végétaux nuisibles, du traitement des animaux.

Toutes ces questions font partie de l'*hygiène générale*.

Alimentation. — *Influence de la nourriture.* — L'alimentation des animaux est dans l'abondance de la nourriture.

Pour améliorer les races, il faut les bien nourrir.

Dépenser de l'argent en achats d'animaux étrangers ou d'animaux indigènes avant d'avoir pourvu à leur nourriture, c'est bâtir sur le sable, ou bâtir une maison en commençant par le toit.

Tout se tient en agriculture : l'amélioration du sol amène celle des animaux : mais c'est par la terre qu'il faut commencer, parce que tout vient de là,

Voilà ce qu'a dit un habile agriculteur. Voilà ce que l'on ne devrait pas ignorer.

Tenter des améliorations sans les conditions de soins et de nourriture exigées, c'est faire preuve d'incurie en matière agricole, ce n'est pas calculer où est son intérêt, c'est se hasarder dans des expériences mal faites dont la non réussite a pour effet ordinaire de retarder pour longtemps le progrès.

L'influence de la nourriture sur les animaux est pour ainsi dire toute puissante.

Les aliments. — Examinons les foins, les pailles, les grains, les farines, les sons, les résidus alimentaires, etc.

Les foins. — On appelle *foin* le fourrage herbacé que l'on fait sécher et que l'on donne en nourriture aux animaux. Exemple, foin ordinaire, foin de luzerne, foin de trèfle, etc.

Il y a à considérer le foin des prairies naturelles et celui des prairies artificielles.

La qualité du foin dépend de la manière dont il a été récolté, des soins donnés aux prairies et de la nature des prés suivant qu'ils sont *secs*, *gras* ou *humides*.

Le foin constitue le principal aliment des herbivores.

Le *regain*, qui est la seconde, la troisième coupe de foin, convient mieux aux bestiaux, aux moutons qu'aux chevaux.

Les pailles servent à la nourriture des bestiaux, à la confection des litières, etc.

La paille de froment est la meilleure de toutes les pailles comme aliment. Elle est administrée aux chevaux.

Les autres pailles, celles de seigle, d'avoine, d'orge, de sarrasin, etc., sont employées principalement comme litières.

Il faut remarquer que les pailles ne doivent pas former exclusivement une ration.

Les pailles et les foins moisis, pourris, vasés, doivent être retirés de la consommation.

Les feuilles. — Il est beaucoup d'arbres dont les feuilles sont mangées par les animaux. Citons celles du peuplier, du frêne, de l'acacia, de la vigne, etc.

Les feuilles de betteraves, de carottes, de choux, de rutabagas, de topinambours sont utilisées pour la nourriture des animaux.

Les grains et les graines. — Le climat, le sol, la culture, la récolte, la conservation, etc., influent d'une manière notable sur la valeur des grains.

Le blé entretient les poulinières délicates.

L'orge développe bien les élèves.

L'avoine, le maïs, le sarrasin poussent à l'engraissement.

Il y a aussi le seigle, le millet.

Les féverolles, les fèves, les pois, les gesces entrent aussi dans la composition alimentaire.

Il en est de même du chènevis, du lin.

Farines et sons. — Les farines délayées dans de l'eau sont administrées ainsi aux animaux.

Les farines de seigle et d'orge sont-très rafraîchissantes.

Le *son* est administré soit sec, soit frisé, soit fortement additionné d'eau.

D'où les appellations suivantes : Eau blanche, barbotage, son frisé, son sec.

Châtaignes. — La châtaigne est donnée crue ou cuite, entière ou écrasée, verte ou sèche. Elle est administrée aux chevaux, aux bestiaux, elle engraisse le porc et la volaille.

Les glands. — Les glands conviennent aux animaux. Ils concourent à l'engraissement des porcs, du bœuf et des bêtes à laine.

Racines et tubercules. — La pomme de terre, la betterave, la carotte, le topinambour, le panais, la rave, le navet, le rutabaga, la patate, l'igname entrent dans la nourriture des animaux.

On coupe ces racines ou tubercules avant de les administrer. Mais il y a avantage à faire cuire les uns et à faire fermenter les autres.

Résidus alimentaires. — Il y a plusieurs sortes de résidus qui sont utilisés pour la nourriture du bétail. Ils doivent être donnés avec précaution et à dose restreinte.

On donne les pulpes de pomme de terre, de betterave, les résidus des distilleries de pommes de terre, de betteraves, de grains, le marc de raisin, les résidus de cidre, d'orge qu'on emploie pour faire la bière, les tourteaux de lin, de noix, de colza, de chènevis.

NOURRITURE SUFFISANTE, ABONDANTE, DE BONNE QUALITÉ. — Une alimentation mauvaise ne répare point les déperditions et peut introduire dans l'économie des principes qui altèrent peu à peu les tissus et nuisent à la santé.

Une alimentation médiocre pour la qualité et pour la quantité est insuffisante : elle n'entretient pas les forces, ni ne développe le corps ; elle ne suffit pas aux réparations et au travail, ni à une croissance rapide, ni un engraissement économique, ni la formation de produits abondants.

Une alimentation copieuse, mais médiocre pour la qualité, produit des effets analogues, mais moins prompts ; elle provoque, sans avantage, le développement des organes digestifs.

Enfin une nourriture de bonne qualité est la seule qui puisse bien remplir toutes les conditions de l'alimentation ; mais la quantité et le choix sont subordonnés aux besoins particuliers des espèces et des individus. Abondante et bonne, elle développe les formes, mais peut les rendre massives ; elle provoque l'accumulation de la graisse, la sécrétion du lait, donne des forces.

La parcimonie est un vice réel dans l'élevage et dans l'entretien des animaux ; elle est plutôt onéreuse qu'utile.

TRENTE-QUATRIÈME LEÇON

Suite de l'alimentation : Boisson. — Condiments. — préparation des aliments. — Réglementation de la ration.
Des étables. — Animaux, insectes et parasites végétaux nuisibles. — Traitement des animaux.

BOISSONS. — *L'eau* est la boisson ordinaire des bestiaux, elle doit seule nous occuper.

Elle est puisée dans les citernes, les ruisseaux, les

rivières, les fleuves, les lacs, les étangs, les pêcheries, les marés, les sources, les puits, les fontaines, etc.

L'eau doit être claire, limpide, aérée.

Les eaux croupies, dures, froides sont nuisibles.

Les animaux, selon leur espèce et une foule de circonstances, boivent une, deux, ou un plus grand nombre de fois chaque jour.

Condiments. — Les condiments, encore appelés assaisonnements, servent à modifier les substances alimentaires, à augmenter l'appétit, à engager les animaux à prendre une plus grande quantité de nourriture, à corriger les fourrages avariés, etc.

Le *sel marin* rend certains fourrages plus sapides et d'une digestion plus facile ; il hâte l'engraissement.

L'usage du sel est plus avantageux aux animaux qui ruminent qu'aux chevaux.

On peut administrer au bœuf de travail 60 grammes de sel : à la vache à lait, 60 grammes : au bœuf d'engrais, 80 à 150 grammes ; au porc d'engrais, 30 à 60 grammes : au cheval, à la jument, au mulet, 30 grammes : aux moutons (par 100 têtes) 150 à 200 grammes.

La *fleur de soufre*, l'*urine*, le *vinaigre*, les *cendres*, etc., peuvent être considérés comme condiments.

Préparation des aliments. — Il y a à considérer la division des aliments, les mélanges, la fermentation, la germination, la macération, la cuisson.

Il importe de *diviser* les racines, les tubercules au moyen de *coupe-racines*. Le couteau, la faucille servent aussi de coupe-racines.

Pour les foins, les pailles, les fourrages fibreux, on se sert de hache-paille, de hache-ajonc.

On concasse aussi les grains et les graines.

La division des aliments favorise la digestion.

Le *mélange* est l'association de diverses substances alimentaires. Des mélanges de grains, de graines, de son, de farines, de sel prennent le nom de *provendes*.

Les mélanges fournissent une nourriture dont les propriétés sont plus variées.

Tous les animaux, surtout les vaches et les moutons, s'accommodent très-bien des aliments *fermentés*.

La *germination* imbibe de liquides les aliments, elle les rend mous, faciles à mâcher et à digérer.

La *macération* consiste à faire imprégner d'eau les aliments durs et secs.

Les substances alimentaires *cuites* sont plus nourrissantes. Elles favorisent l'engraissement.

RÉGLEMENTATION DE LA RATION. — Il est difficile de donner des indications précises sur la consommation d'une bête dans l'année et, par suite, sur le prix de revient, en moyenne, par chaque année et par tête de bétail pour l'éleveur.

On ne saurait établir sur ce point que des évaluations approximatives. La fixation rigoureuse de la quantité de nourriture nécessaire aux animaux est chose peu praticable : car, s'il est vrai que les produits sont toujours proportionnés à l'excédant représenté par la ration de production, il est également démontré que certaines races, dans chaque espèce, sont plus aptes que d'autres à utiliser cette nourriture et en tirent meilleur parti.

Le *rendement* fourni par la ration de production varie aussi, toutes choses égales d'ailleurs, selon l'âge et le poids des animaux, la valeur nutritive, le degré de digestibilité, le mode de préparation et d'administration des aliments. On ne doit plus s'étonner alors que les expérimentateurs soient arrivés à des évaluations si diverses de la valeur nutritive des fourrages, et à des préceptes si différents sur les méthodes d'administration les plus avantageuses.

Nous donnerons des exemples de rations quand nous nous occuperons de chacune des espèces domestiques.

DES ÉTABLES. — L'exposition, le pavage, les murs, la distribution des ouvertures des étables influent considérablement sur la santé des animaux.

La surveillance des étables est facile quand elles sont rapprochées des habitations de l'homme.

Autant que possible, elles ne doivent pas être éloignées des pâturages, des abreuvoirs.

Les substances qu'on emploie comme *litières* sont les pailles, les feuilles, les fougères, la bruyère, les gazons, la sciure de bois, etc.

Les étables sont généralement mal tenues, basses, humides, mal aérées.

Les moyens de désinfection d'une étable consistent principalement dans la ventilation, l'aérage, le blanchissement, au lait de chaux, des murs, des crèches, des plafonds, les lavages à l'eau chlorurée, phéniquée, etc.

Animaux, insectes et parasites végétaux nuisibles. — La vipère est dangereuse pour l'homme et les animaux.

Les bourdons, les guêpes, les abeilles, les cousins occasionnent des piqûres douloureuses.

Les animaux sont incommodés par les mouches, les taons. Pour les en garantir on conseille de les laver avec de l'eau de feuilles de noyer.

La mauvaise nourriture, la malpropreté des animaux, etc., peuvent occasionner des maladies cutanées parfois rebelles.

La malpropreté, l'excès de travail, la misère donnent aussi naissance à des affections cutanées dues à la présence de cryptogames (parasites végétaux). On doit y remédier en procédant aux lavages, à la désinfection des étables et des objets de pansage.

Traitement des animaux. — Les causes et les effets de la *douleur* varient à l'infini. Ainsi, les blessures occasionnées par les harnais peuvent contribuer à rendre les animaux vicieux, rétifs. Ces animaux se défendent quand on veut les garnir.

Le *chagrin* est une cause fréquente des souffrances.

Les jeunes sujets que l'on retire des nourrices et que l'on sèvre sont tristes, perdent quelquefois l'appétit pendant un certain temps.

Le chagrin, la colère, la frayeur, la fatigue peuvent altérer la viande, le lait.

La *brutalité* est très-préjudiciable aux animaux.

Sur les bêtes de boucherie la cruauté a parfois des suites funestes. Il en est de même chez les porcs gras, les vaches très-bonnes laitières, les chevaux.

Beaucoup d'animaux sont devenus méchants à force de les brutaliser.

On a toujours intérêt à ne pas employer la violence.

On ne doit infliger des punitions aux animaux qu'avec beaucoup de discernement.

On doit traiter les animaux avec les soins qu'ils méritent,

Il faut les bien nourrir, les tenir propres, les corriger à propos. C'est le seul moyen de les domestiquer, c'est le seul moyen de les accoutumer à leur esclavage.

La loi de 1851 punit les personnes qui brutalisent les animaux et qui les frappent sans nécessité.

TRENTE-CINQUIÈME LEÇON

Espèce chevaline. — Alimentation. — Régime du vert. — Soins aux nourrices et aux poulains. — Espèce asine. — Le mulet. — Le bardot.

ECURIES. — Il faut que les chevaux (voir la troisième leçon) mangent, se couchent sans être gênés et que les personnes chargées de les soigner puissent circuler librement

La *largeur* d'une stalle sera de 1^{m} 50 à 1^{m} 75 suivant la taille des animaux.

La *longueur* d'une écurie pour cinq chevaux variera entre 7^{m} 50 et 8^{m} 75 selon la taille des sujets.

Les écuries sont simples ou doubles. Une *petite écurie simple* mesurera par cheval : largeur de la stalle 1^{m} 50; longueur, le couloir compris, 5^{m} 50; hauteur de l'écurie 4^{m}.

Dans une *moyenne écurie double* : largeur de la stalle 1m 50 ; longueur des deux stalles se correspondant, le couloir compris, 11m, hauteur de l'écurie 5m 50.

Les *portes* d'une écurie moyenne auront 1m 40 à 1m 50.

Pour l'aérage, on dispose bien les *fenêtres*, les *cheminées d'appel*.

Le *sol* des écuries sera uni, non glissant, en pente de 15 à 20 millimètres par mètre.

On placera le *ratelier* à 1m 40 à 1m 50 au-dessus du sol. Les *barreaux* du ratelier auront 60 à 70 centimètres de longueur et seront espacés de 10 à 12 centimètres.

Les *crèches*, les *mangeoires* seront de 0m80 à 0m90 au-dessus du sol.

Les *box* (loges), les *stalles*, les *bat-flancs* servent à loger et à séparer les animaux.

Il y a avantage à tenir les écuries proprement.

Alimentation. — La nourriture des chevaux consiste généralement en foin, avoine, paille, orge, farine, son, carotte, etc.

La ration moyenne et par jour d'un cheval de trait est de 7 kilos de foin, 5 à 10 kilos d'avoine et 8 de paille.

La ration moyenne d'un cheval ordinaire est : foin, 5 kilos, avoine 3 à 6, paille 5.

En dehors des exigences du service, les aliments et les boissons doivent être distribués régulièrement à des heures fixes.

Les *barbotages* de farine de seigle et surtout d'orge sont rafraichissants et alimentaires. Il en est de même des barbotages de son de froment, de seigle.

La carotte rafraichit et répare.

Régime du vert. — *Mettre au vert*, c'est donner exclusivement aux animaux une nourriture verte.

La *mise au vert* s'applique principalement aux chevaux à l'époque du printemps.

La durée de ce régime est de 15 à 30 jours.

Les chevaux prennent le vert soit à l'écurie, soit à la prairie, de là ces distinctions : *vert à l'écurie*, *vert à la prairie*.

Le vert est indiqué pour les jeunes sujets, les chevaux poussifs, échauffés, etc.

Le vert se compose d'orge, de trèfle, etc.

La quantité quotidienne de fourrage à donner est de 25 à 50 kilogrammes.

Soins aux nourrices et aux poulains. — Les poulinières ont besoin d'une bonne et abondante nourriture jusqu'au moment du sevrage.

Au sevrage, on diminue la nourriture des nourrices pour faire tarir les mamelles. On éloigne la jument du petit.

Le premier lait des mères est purgatif et nécessaire aux poulains que l'on sèvre ordinairement vers l'âge de 5 mois.

La nourriture des poulains de six mois à un an doit être substantielle. En leur administrant des petites rations d'avoine on développe leurs qualités.

On élève les poulains de 1 à 2 ans aux pâturages ou à l'écurie. Il vaut mieux les tenir alternativement aux pâturages et à l'écurie.

Généralement, vers l'âge de deux ans, on commence à faire travailler les poulains, mais il faut que le travail soit proportionné à leurs forces et en rapport avec leur conformation.

Espèce asine. — Les ânons (voir la troisième leçon), sont faciles à élever: ils sont sevrés vers l'âge de 6 à 8 mois.

L'éducation de l'âne est ordinairement négligée.

La mauvaise nourriture, les mauvais traitements peuvent provoquer chez cet animal la mollesse, la poltronnerie, l'entêtement.

L'âne serait d'un service des plus agréables s'il était bien dressé.

Espèce mulassière. — L'industrie mulassière (voir la troisième leçon) prend chaque jour du développement. Les mulets travaillent plus jeunes et se vendent relativement plus cher que les chevaux. Cette industrie est plus profitable à l'éleveur.

Le bardot. — Le bardot (voir la troisième leçon) est plus exigeant que le mulet. Il lui est inférieur. Cette infériorité provient principalement de la nourriture médiocre qu'on lui distribue.

Le bardot est précieux pour les contrées montagneuses.

TRENTE-SIXIÈME LEÇON

Espèce bovine. — Étables. — Alimentation. — Elevage.

Étables. — Les étables ou habitations des bœufs (voir la troisième leçon) doivent être placées de manière à faciliter le service.

Il faut bien régler les dimensions de la bouverie, de la vacherie.

Une largeur de 4m50 environ est nécessaire à une *étable simple*. L'espace réservé pour chaque animal sera en moyenne de 2m20 à 2m60 de longueur, de

0^m90 à 1^m30 de largeur, de $0^m 50$ à $0^m 90$ d'élévation de la crèche, de 1^m à 1^m56 pour le passage.

Une *étable double* aura à peu près 8 mètres de largeur.

Les étables sont généralement trop basses, par conséquent peu ou point aérées. Au point de vue de l'hygiène, il est important de donner aux bouveries une hauteur raisonnable de 3 à 4 mètres, suivant la taille des animaux.

L'assainissement des étables doit préoccuper le cultivateur. Malheureusement il n'en est pas tenu compte.

La mauvaise tenue des étables et des animaux est un indice fréquent de malpropreté et de désordre chez l'habitant des campagnes.

Alimentation. — Le bétail est nourri soit à l'étable soit au pâturage, ou bien encore, le régime est mixte, c'est-à-dire que l'alimentation a lieu chaque jour : une partie à l'étable, l'autre partie au pâturage.

Le régime mixte est considéré comme le meilleur moyen d'entretenir les animaux.

Avant d'être conduit au pâturage, le bétail doit prendre à l'étable un peu de fourrage sec.

La composition des rations est très-variable et consiste en foin, regain, racines, fourrages verts, etc.

Animaux de travail. — Les animaux de travail doivent être abondamment nourris. Il est utile de bien régler la distribution des aliments et de donner le temps aux bestiaux de se reposer et de ruminer.

Vaches laitières. — On varie, après la mauvaise saison, la nourriture des vaches laitières et on commence de bonne heure l'usage du vert. L'herbe verte leur est favorable. Il en est de même de la luzerne, du sainfoin, du trèfle, des vesces mélangées à du seigle, etc.

On distribue comme nourriture d'hiver les regains, les menues pailles, les betteraves, les pommes de terre, les topinambours, etc.

Le rendement en lait d'une vache s'accroît graduellement du premier veau jusqu'au cinquième; il atteint son maximum après le sixième vêlage, puis il diminue peu à peu, pour retomber, après le dixième veau, à ce qu'il était après le premier.

Les vaches très-bonnes donnent en moyenne au

moins 20 litres de lait par jour; les bonnes vaches de 12 à 16. Les quantités moindres sont fournies par des vaches médiocres, mauvaises.

Les vaches de Switz, de Hollande, de Flandre, du Cotentin, la race fémeline de la Comté, etc., sont renommées comme excellentes laitières.

Engraissement. — L'engraissement à l'étable est toujours le plus avantageux. Il faut choisir avec soin des animaux bien portants, n'ayant pas beaucoup soufferts, et appropriés aux ressources de l'exploitation. Il faut administrer une abondante et bonne nourriture que l'on doit varier pour que l'appétit soit constamment excité et faire usage de condiments, comme le sel marin, par exemple.

Un animal est *en chair* quand son état d'embonpoint n'indique pas encore l'accumulation de la graisse. Il fournit — pour 100 kilos de poids vivant — 50 à 55 kilos de viande nette et 4 à 5 kilos de suif.

Un animal *gras* à embonpoint très-prononcé, rend 55 à 60 kilos de viande nette et 5 à 8 kilos de suif.

Le *fin gras* (embonpoint extrême, fournit de 60 à 65 kilos de viande nette et 6 à 12 kilos de suif.

Elevage. — Il est bon de bien soigner les veaux qui ont cessé de teter. Au lieu de les nourrir uniquement de paille et de mauvais foin il faut leur procurer des aliments substantiels.

On spécialise le régime afin de bien approprier les animaux à leur destination.

A ceux que l'on destine *au travail* on administre une nourriture suffisante pour ne pas les empâter.

On cherchera à accroître l'énergie et on donnera des aliments aqueux aux femelles appelées à faire des *vaches à lait*.

On réservera pour la boucherie les bêtes qui n'ont pas d'aptitudes spéciales et que l'on soignera en conséquence.

Les *caractères* que l'on doit rechercher chez les animaux de l'espèce bovine sont de plusieurs ordres.

Ceux que l'on doit placer en première ligne sont l'ampleur de la poitrine, la largeur des reins, la rectitude du dos, l'épaisseur des masses musculaires.

Viennent ensuite la force et la largeur des articulations, l'activité des mamelles et le tempérament sanguin.

Enfin, on peut ajouter la finesse de la peau, la minceur des os, la légèreté de l'encolure et de la tête.

TRENTE-SEPTIÈME LEÇON

Espèce ovine : Bergerie, nourriture, tonte, soins.
Espèce caprine. — Espèce porcine. — Le chien. — La basse-cour.
Les abeilles. — Les vers à soie.

ESPÈCE OVINE

Bergerie. — Une superficie de 1^{m} parait suffire pour recevoir un mouton (voir la troisième leçon).

La bergerie est munie de petits rateliers. Le lit de la bergerie doit être sec. On évite d'employer des litières susceptibles d'adhérer trop facilement à la laine.

Nourriture. — La nourriture influe non seulement sur la santé des animaux de l'espèce ovine, mais encore sur la qualité des produits en laine et en viande.

Le régime du pâturage est le plus ordinaire; à ce sujet, il faut éviter les pâturages humides qui sont dangereux, ne pas faire paître un herbage couvert de rosée.

A mesure que l'herbe diminue dans les pâturages on donne à la bergerie un supplément de nourriture.

On nourrit à la bergerie quand le temps est très-mauvais.

Les moutons *fin gras* donnent jusqu'à 65, 70 pour 100 de viande nette. Les *bons* moutons rendent de 55 à 60 pour 100. Ils sont bons encore quand ils fournissent 45 à 55 et surtout s'ils ont peu de laine.

Tonte. — On pratique la tonte des moutons en juin.

Elle est précédée du lavage à dos d'une durée de 10 à 15 minutes.

Soins. — Pendant l'allaitement, on réserve aux brebis nourrices de bons herbages, des racines, du regain, selon les contrées et la saison, car les brebis bonnes nourrices maigrissent considérablement, ce qui n'arrive pas ou très-peu aux mauvaises laitières.

ESPÈCE CAPRINE.

Les chèvres (voir la troisième leçon) sont communément mal logées. Pourtant une chèvrerie proprement tenue et ayant une température douce leur serait très-nécessaire.

Quoique pétulante et d'une humeur vagabonde, la chèvre peut être entretenue avantageusement à l'étable.

Les chèvres sont très-bonnes nourrices, elles adoptent non seulement les brebis et les veaux mais encore le lait de la chèvre peut convenir au nourrissage des enfants.

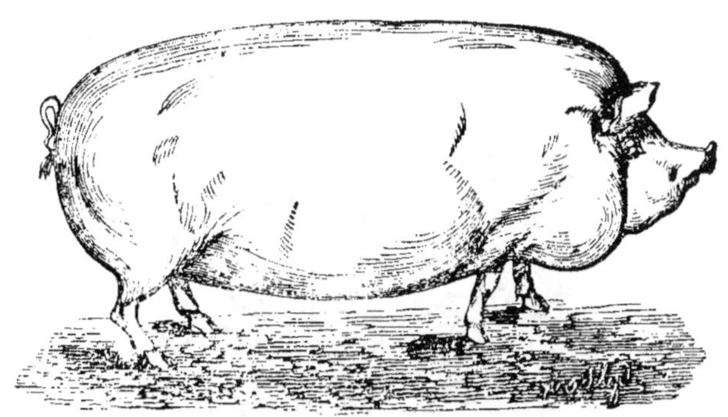

ESPÈCE PORCINE

La *porcherie*, habitation spéciale des porcs, se compose, autant que possible, d'une cour et de loges à porcs (voir la troisième leçon).

La truie et le verrat occuperont des compartiments distincts.

Les auges sont situées en dedans et en dehors des loges.

Les loges seront aérées, sèches et la litière sera renouvelée.

Le porc aime beaucoup la propreté. La nourriture qu'il prend au-dehors ne lui est pas suffisante. Quand il rentre, on lui donne des lavures, de l'eau à laquelle on a ajouté du son, de la farine, des racines cuites, des orties, des feuilles de choux, des pelures, etc.

L'automne, le commencement de l'hiver sont les époques les plus favorables à l'*engraissement*. Il faut que les repas soient réguliers et composés d'une nourriture variée : carotte, panais, betterave, topinambour, pommes de terre, gland, résidus des féculeries, de fabriques d'huiles, grains, sons, eaux de vaisselle, bouillons de tripes, etc.

Le rendement du porc est de 93 à 95 pour 100.

LE CHIEN

Nous voulons parler du *chien de berger* (chien de brie, labrie) qui est destiné à aider le berger dans la garde et la conduite des troupeaux.

Les chiens mal dressés sont toujours nuisibles.

Un bon chien de berger est plus utile qu'un aide.

Si l'on a des chiens précieux mais méchants, qui mordent les bêtes à laine, on les muselle ou encore on leur casse les dents canines, même au besoin les incisives.

LA BASSE-COUR

La basse-cour (voir la troisième leçon) est l'ensemble des bâtiments et cours habités par les poules, les dindons, les canards, les oies.

Les *poules* se nourrissent de grains : avoine, sarrasin, millet, etc. Elles aiment les vers qu'elles trouvent en grattant la terre. Elles recherchent les insectes, les grains dans le fumier.

On donne aux *dindonneaux* du millet, du chènevis, des œufs émiettés.

On engraisse les *dindons* avec des boulettes de farine, des noix, du maïs, etc.

Les *oies* pâturent comme les moutons dans les chemins herbeux où on les laisse circuler librement.

On les engraisse comme les dindes.

Les *canetons* sortent librement à partir de 20 à 25 jours.

Le petit blé, l'avoine, les vesces, etc., conviennent aux *pigeons*.

LES ABEILLES

Les abeilles composent le miel et la cire. Elles vivent, à l'état domestique, dans des demeures appelées *ruches*

La ruche renferme une ou plusieurs mères ou *reines*, grand nombre de mouches ou *bourdons* et une quantité considérable d'abeilles ou *ouvrières*.

Les ouvrières construisent des cellules destinées, les unes, pour le miel, et, les autres, pour les œufs de la reine, elles récoltent le miel, etc.

Lorsque la quantité d'abeilles est trop considérable dans une ruche, une partie des ouvrières s'en éloignent emmenant avec elles une jeune reine. Ce jeune groupe s'appelle *essaim*.

Les ruches varient beaucoup sous le rapport de leur forme et de leur disposition.

On expose au midi l'entrée de la ruche.

Les ruches simples sont en bois léger, en paille ou en osier, surmontées d'un couvercle mobile.

La récolte du miel a lieu vers la fin de l'automne.

Une ruche moyenne peut donner par an 3 à 6 kilos de miel et 500 à 700 grammes de cire.

LES VERS A SOIE

Les éducations des vers à soie se font dans un local appelé *magnanerie* où l'on doit rencontrer un air pur, une douce chaleur et éviter l'humidité, la mauvaise odeur, la fumée des lampes et du charbon.

On appelle *graine* les œufs de vers à soie.

On donne aux vers de la feuille de mûrier.

Ils subissent plusieurs mues. Plus tard, ils se transforment en *chrysalide* qu'on fait périr en plongeant le cocon dans l'eau bouillante. De cette manière le cocon n'est pas gâté.

Les papillons sortent, au bout de quelques jours, des cocons que l'on conserve pour la graine.

1 kilo de cocons fournit à peu près 50 à 60 grammes de graine.

5 kilos de cocons donnent 500 grammes de soie.

TRENTE-HUITIÈME LEÇON

Police sanitaire des animaux. — Vices rédhibitoires. — Quelques maladies des animaux domestiques. — Pharmacie de la ferme.

POLICE SANITAIRE

La police sanitaire a pour objet les maladies contagieuses ou épizootiques.

Ces maladies occasionnent des grandes pertes à l'agriculture et peuvent, dans quelques cas, compromettre la vie de l'homme.

Voici, d'après la loi du 21 juillet 1881, les maladies des animaux qui sont réputées contagieuses :

1° La *peste bovine* dans toutes les espèces des ruminants :

2° La *péripneumonie contagieuse* dans l'espèce bovine ;

3° La *clavelée* et la *gale* dans les espèces ovine et caprine :

4° La *fièvre aphteuse* dans les espèces bovine, ovine, caprine et porcine :

5° La *morve*, le *farcin*, la *dourine* dans les espèces chevaline et asine :

6° La *rage* et le *charbon* dans toutes les espèces.

Tout propriétaire, toute personne ayant, à quelque titre que ce soit, la charge des soins ou la garde d'un animal atteint ou soupçonné d'être atteint d'une maladie contagieuse, est tenu d'en faire *sur le champ la déclaration au maire de la commune où se trouve cet animal.*

VICES RÉDHIBITOIRES

Le nom de *cas rédhibitoire* est donné aux maladies ou défauts, dont l'existence occasionne la nullité pour la vente d'un animal domestique.

Voici la loi du 20 mai 1838 qui règlemente les cas suivants :

Pour le *cheval*, *l'âne*, le *mulet* : La fluxion périodique des yeux, l'épilepsie ou mal caduc, la morve, le farcin, les maladies anciennes de poitrine ou vieilles courbatures, l'immobilité, la pousse, le cornage chronique, le tic sans usure des dents, les hernies inguinales intermittentes, la boiterie intermittente pour cause de vieux mal.

Pour l'*espèce bovine* : La phthisie pulmonaire ou pommelière, l'épilepsie ou mal caduc, les suites de la non-délivrance, le renversement du vagin ou de l'uterus après le part chez le vendeur.

Pour l'*espèce ovine* : la clavelée (cette maladie reconnue chez un seul animal entraînera la rédhibition de tout le troupeau : la rédhibition n'aura lieu que si le troupeau porte la marque du vendeur) :

Le *sang de rate* (cette maladie n'entraînera la rédhibition du troupeau, qu'autant que, dans le délai de la garantie, la perte constatée s'élèvera au quinzième au moins des animaux achetés : dans ce dernier cas, la rédhibition n'aura lieu également que si le troupeau porte la marque du vendeur).

Le délai pour intenter l'action rédhibitoire sera, non compris le jour fixé pour la livraison, de *trente jours* pour les cas de fluxion périodique des yeux et d'épilepsie ou mal caduc, de *neuf jours* pour tous les autres cas.

QUELQUES MALADIES DES ANIMAUX DE LA FERME

Nous allons indiquer très-brièvement quelques maladies de nos animaux domestiques.

A la suite de quelques unes de ces affections, nous formulons un petit traitement dans l'unique but d'attendre l'arrivée du vétérinaire.

Anémie. — L'anémie est caractérisée par un état de faiblesse générale. Une nourriture très-riche et de facile digestion est employée pour la combattre.

Aphtes. — La fièvre aphteuse, cocotte ou mal blanc, est une maladie contagieuse.

Il faut, avant tout traitement, tenir les étables en bon état de propreté.

Bleimes. — La bleime est une contusion des tissus dans la région des talons.

On amincit la corne, on applique un fer à planche.

Bouleture. — La bouleture est la déviation du boulet.

Brûlure. — On emploie les réfrigérants, des cataplasmes de pomme de terre crue et râpée.

Cachexie aqueuse. — C'est une maladie des moutons, de nature anémique.

Il faut supprimer les pâturages humides et la nourriture débilitante.

Catarrhe. — Au début du *catarrhe des cornes* on emploie des réfrigérants sur la tête; on administre des breuvages adoucissants.

Pour le *catarrhe auriculaire* du chien on nettoie les oreilles, on fait des injections variées suivant l'état.

Capelet. — C'est une tumeur de la pointe du jarret.
On applique des fondants, la cautérisation.

Charbon. — Le charbon est une maladie contagieuse.

Choléra des poules. — Le choléra de la volaille est

caractérisé par la stupéfaction, la coloration brune de la crête et une diarrhée fétide.

Clavelée. — C'est la petite vérole des moutons.

Les soins hygiéniques sont recommandés.

Clou de rue. — Le clou de rue est une blessure de la face inférieure du sabot occasionnée par un corps tranchant.

On retire le corps qui a blessé, on préconise des cataplasmes frais ou les bains de rivière.

Coliques. — Le mot colique est générique à un grand nombre de maladies du ventre.

Coryza. — Le coryza est l'inflammation de la membrane nasale.

Le coryza du bœuf est souvent mortel.

Crapaud. — C'est une affection spéciale des pieds du cheval.

Crevasses. — On nettoie les paturons qui sont crevassés avec de l'huile d'olive battue avec de l'eau.

Danse de St-Guy. — La chorée ou danse de St-Guy est une maladie nerveuse caractérisée par des mouvements irréguliers et involontaires.

Elle affecte les chiens.

Dyssenterie. — On emploie des boissons farineuses, avec eau de riz. L'eau de riz, de pavot est administrée en lavements.

Ecart. — L'écart est une boiterie dont le siège est à l'épaule.

Il faut un traitement vésicant énergique.

Pousse. — La pousse consiste en des battements irréguliers du flanc, chez le cheval.

On supprime le foin, on n'administre que de la paille, de l'avoine et, de temps à autre, du barbotage.

Empoisonnement. — Les moyens de neutralisation des effets du poison, varient suivant la nature de celui-ci. Le lait, le blanc d'œuf, le café peuvent être employés au début en attendant l'homme de l'art.

Enchevêtrure ou *prise de longe.* — Le repos, des calmants sont nécessaires.

Encastelure. — L'encastelure est le resserrement du sabot des chevaux. On emploie le fer à planche.

Eparvin. — L'éparvin est une tumeur osseuse située à la face interne du jarret.

On préconise le feu.

Epilepsie. — L'épilepsie ou mal caduc est un vice rédhibitoire.

Farcin. — Le farcin est un vice rédhibitoire et une maladie contagieuse.

Fièvre aphteuse. — (Voir aphtes).

Formes. — Les formes sont des tumeurs osseuses de de la couronne ou du paturon.

On applique le feu.

Gâle. — La gâle est une maladie parasitaire de la peau.

On peut préconiser l'huile de cade, l'hude de pétrole, la benzine, etc.

Gourme. — La gourme est une maladie particulière du cheval, dans le jeune âge.

On tient la gorge chaude, on fait barboter les animaux.

Hématurie. — L'hématurie ou le pissement de sang est occasionné quelquefois par la pléthore, d'autrefois par l'anémie.

Hémorrhagie. — L'hémorrhagie est un écoulement de sang.

On panse au perchlorure de fer.

Jaunisse. — La jaunisse est fréquente et très-grave chez le chien.

Ladrerie. — Les vers cysticerques de la ladrerie occasionnent chez l'homme le tœnia (ver solitaire).

Maladie des chiens. — La maladie des jeunes chiens se présente sous diverses formes.

Un régime rafraîchissant, l'huile de foie de morue, le café sont de bons moyens préventifs.

Mammite. — La mammite est l'inflammation des mamelles.

On applique des émollients, on traie souvent et doucement.

Météorisme. — Le météorisme est le gonflement du ventre produit par l'accumulation des gaz dans l'intestin, l'estomac, ou la panse.

Le sel de cuisine, l'alcali volatil, etc. peuvent être employés.

Molettes. — Les molettes sont des tumeurs du boulet. Au début on peut préconiser les douches.

Morve. — La morve est une maladie incurable, contagieuse et transmissible à l'homme.

Phthisie pulmonaire. — La phthisie pulmonaire est considérée comme cas rédhibitoire.

Poux. — Pour combattre les poux on peut se servir de savon noir, de la benzine, de l'huile de pétrole, d'onguent mercuriel simple, etc.

Rage. — La rage est une affection incurable, virulente, transmissible à l'homme.

Seime. — La seime est une fente du sabot.

Tournis. — Le tournis est une maladie cérébrale, caractérisée ordinairement par un mouvement tournant quand les sujets sont en liberté.

Il est préférable de livrer à la boucherie les animaux atteints.

Verrues. — On excise et on cautérise les verrues.

Vers. — Les vers sont des parasites du corps des animaux.

Vessigons. — Les vessigons sont des tumeurs molles du jarret.

PHARMACIE DE LA FERME

La *verrée* équivaut à 160 grammes; la *tasse* 200 gr.; une *cuillerée à café* 5; une *cuillerée à soupe* 20 à 25; une *poignée de graines* 70 à 85; une *poignée de feuilles* 30 à 40.

Eau blanche. — Composition 1 cuillerée à soupe d'extrait de saturne ajoutée à 1 litre d'eau.

Indications : Contusions, entorses, etc.

Eau-de-vie camphrée. — Usages connus.

Eau phéniquée. — Indications : Désinfectant, plaies de mauvaise nature, atteintes, fourchette pourrie, etc.

Alcali volatil. — Doses : 16 à 30 grammes pour les grands animaux : 4 à 8 grammes pour les petits : 4 à 8 gouttes pour les chiens.

On l'administre en breuvage étendu d'eau.

Indications : indigestions gazeuses, morsures, etc

Teinture d'arnica. — Indications : contusions, meurtrissures, entorses, etc.

Essence de térébenthine. — Indications : engorgements, articulations malades, etc.

Ether. — Indications : Indigestion, coliques nerveuses, etc.

Doses : 16 à 50 grammes pour les grands animaux.

Glycérine. — Indications : Peau gercée, crevasses, etc.

Lin. — Les graines de lin sont émollientes.

Miel. — Indications : Maladies de la gorge, etc.

Moutarde. — La farine de moutarde est employée en sinapisme.

Feuilles de noyer. — Indications : Les poux, la cachexie aqueuse.

Pavot. — Traitées par décoction, les têtes de pavot forment la base des lotions, lavements calmants.

Réglisse. — On l'administre en breuvage ou avec du miel, comme adoucissante et pectorale.

Riz. — Se traite par décoction et se donne en boisson.

Indications : Diarrhée, dyssenterie, etc.

Soufre. — Indications : Gourme, maladie des chiens.

LIVRE VI

Comptabilité agricole. — Promenades agricoles.

TRENTE-NEUVIÈME LEÇON

Comptabilité agricole.

Pour une exploitation grande ou petite, il est indispensable de tenir une comptabilité exacte.

Mathieu de Dombasle a dit : Combien d'inquiétudes on évite en voyant clairement à chaque instant les profits qu'on tire de chaque opération ! Je suis bien sûr qu'un cultivateur qui aura commencé à tenir des comptes semblables ne quittera jamais cette méthode, et qu'il trouvera que c'est une opération aussi agréable qu'elle est avantageuse.

Il existe un grand nombre de traités de comptabilité agricole auxquels nous renvoyons les agriculteurs désireux d'approfondir cette question importante de l'économie rurale.

Notre livre, spécialement destiné aux très-jeunes cultivateurs, encore peu expérimentés, ne relatera qu'un exposé, simple mais suffisant, de nature à initier la jeunesse agricole aux idées d'ordre et d'économie.

Premièrement, le cultivateur aura un livre, *livre journal*, sur lequel il inscrira, chaque jour et en détail, toutes les opérations de l'exploitation.

Deuxièmement, tous les articles de ce *journal* seront reportés séparément sur un autre livre ou registre que l'on divisera en autant de chapitres ou de feuilles que la nature de l'exploitation le comporte.

Ainsi, il y aura, par exemple, le chapitre comprenant une ou plusieurs feuilles des *engrais*, des *semailles*, de la *vigne*, des *récoltes*, des *battages*, des *greniers*, de la *cave*, des *denrées vendues*, des *achats divers à terme*, des *denrées consommées*, de l'*entrée* et de la *sortie* du bétail, de la *laiterie*, de la *vacherie*, de *paye*, de *caisse*, etc., etc. En tête de ce livre, on réservera une place spéciale pour l'*inventaire* dont il sera question plus loin.

Les tableaux des chapitres des articles sus-indiqués seront dressés comme suit :

ENGRAIS

DATE	CHAMP	ÉTENDUE	ESPÈCE D'ENGRAIS	Charretées	Observations

SEMAILLES

DATE	CHAMP	ESPÈCE	ÉTENDUE	QUANTITÉ SEMÉE	Observations

VIGNES

Nom	Étendue	Plant	Fumier	Échalas	Provins	Vendanges	Date	Observations

RÉCOLTES

ESPÈCE	CHAMP	ÉTENDUE	PRODUIT	DATE	Observations

BATTAGE

DATE	ESPÈCE	GERBES	GRAIN	OBSERVATIONS

GRENIER (entrée)

DATE	Froment	SEIGLE	AVOINE	ORGE	Sarrasin	

GRENIER (sortie)

DATE	Froment	SEIGLE	AVOINE	ORGE	Sarrasin	

CAVE (entrée)

N° des fûts	Contenance	DATE	ESPÈCE de vin	Quantité	Transvasage	Observations

CAVE (sortie)

N° des fûts	DATE	ESPÈCE de vin	QUANTITÉ	PRIX	Observations

DENRÉES DIVERSES VENDUES

DATE	ESPÈCE	QUANTITÉ	PRIX	MONTANT	Observations

DENRÉES DIVERSES CONSOMMÉES

DATE	ESPÈCE	QUANTITÉ	OBSERVATIONS

ENTRÉE ET SORTIE DU BÉTAIL

ESPÈCE	NOM	ACHAT		VENTE	
		DATE	PRIX	DATE	PRIX

VACHERIE

NOM	A MIS BAS LE	SAILLIE LE	Fera le veau le	OBSERVATIONS

LAITERIE

JOURS	Nombre de vaches	JANVIER		FÉVRIER		
		matin	soir	matin	soir	
1						
2						
3						
4						
etc.						

PAYE

DATES	Nom de l'ouvrier	Nom de l'ouvrier		PRIX CONVENU
	JOURNÉES	JOURNÉES		

CAISSE

DATE			Opérations	RECETTES		DÉPENSES	
ANNÉE	MOIS	JOUR		fr.	c.	fr.	c.

La plupart de ces tableaux ont été puisés dans les publications de MM. Archinard et de Westerweller.

Troisièmement, nous venons de mentionner la tenue journalière de la comptabilité agricole. Parlons maintenant de cette opération importante que l'on devrait faire chaque année et qui est : l'*inventaire*.

La comptabilité du cultivateur a pour point de départ un inventaire faisant connaître exactement sa situation de fortune.

Cet inventaire comprendra :

1° Le mobilier : charrettes, instruments aratoires, mobilier des granges, des animaux, de la laiterie, de ménage, etc. ;

2° Les bestiaux : chevaux, bœufs, vaches, veaux, moutons, porcs, basse-cour, etc. ;

3° Les engrais : fumier de ferme, chaux, phosphates, etc. ;

4° Les magasins : greniers, granges, fenils, celliers, etc.

5° Les avances au sol : blé, racines, légumes, etc. ;

6° L'argent et les billets en caisse, dettes à recouvrer, dettes à payer, etc.

Toutes les additions réunies en une seule constitueront l'*actif*.

On procède de la même manière pour le *passif*.

Puis on soustrait le passif de l'actif ; la somme qui en résulte représente le capital, autrement dit la fortune du cultivateur.

Ce capital, après chaque inventaire annuel, augmente ou diminue.

S'il augmente, on est en bonne voie.

S'il diminue, on fait fausse route et on doit y aviser.

QUARANTIÈME LEÇON

Douze promenades agricoles.

Les promenades font connaître les nombreux travaux et les diverses occupations agricoles des différentes époques de l'année. C'est pour l'élève, la mise en pratique des quelques notions d'agriculture, d'horticulture et d'hygiène qu'il possède.

Une étude, — mais très-sommaire comme le comporte le cadre de notre petit traité, — des travaux et des occupations agricoles de chaque mois servira de guide à la jeunesse rurale.

MOIS DE JANVIER

Agriculture. — A l'exemple des industriels et des commerçants, le cultivateur peut faire son inventaire à cette époque de l'année.

Les labours sont continués pendant ce mois, s'il ne gèle pas et si l'humidité des terres n'est pas excessive.

On ensemence les grains de printemps.

Quand le temps le permet il est nécessaire de transporter les fumiers et de les répandre sans délai.

Les travaux de drainage peuvent être exécutés, il faut avant tout en calculer le prix de revient et tenir compte des jours qui sont encore très-courts.

Les rigoles, les fossés, les chemins réclament de l'entretien par suite des pluies d'hiver et des dégels.

On enlève quelques récoltes de choux, de racines, comme les navets, les rutabagas, les carottes, les topinambours.

Dans le midi, la cueillette des olives est continuée.

Quand on a de la bruyère on peut la faucher pour en faire de la litière.

On enlève les bois coupés, on récolte les cônes des pins, la semence de frêne, on émonde les saules et les peupliers.

On achève le battage des grains, on égrène le maïs, on bottelle les fourrages conservés en tas. On répare les parties intérieures des bâtiments.

On surveille les caves et les celliers à racines. On veille à ce que les tonneaux soient toujours pleins et que les racines ne s'altèrent pas.

On fabrique les ruches, les paniers, etc.

Il faut profiter des journées d'hiver pour tout remettre en bon état.

On doit garantir le fruitier du froid.

Le fumier est enterré par les labours d'hiver.

Si une température douce le permet on découvre les artichauts pour leur donner de l'air.

On creuse les fosses si l'on veut former une nouvelle aspergerie.

Vers fin janvier, si le temps est doux, on sème des oignons, des pois hâtifs, des fèves de marais.

Hygiène. — Pour les chevaux, il est bon de remplacer une certaine partie d'avoine par son équivalent en carottes.

C'est l'époque favorable à l'engraissement des bœufs.

En janvier, les vaches ne trouvent rien en dehors de l'étable, aussi serait-il utile de leur administrer une nourriture plus confortable, plus substantielle. Dans tous les cas, il faut varier la nourriture des vaches laitières qui doit se rapprocher du régime du vert. On augmente ainsi la sécrétion du lait.

Beaucoup de vaches vèlent à cette époque, il est prudent de les surveiller.

On engraisse les moutons. Les troupeaux sortent quand le temps n'est pas trop mauvais. Cet exercice est salutaire aux moutons. Mais il importe de les nourrir convenablement à la bergerie si l'on veut éviter la pourriture.

On donne des racines aux jeunes porcs. On tient sainement et chaudement les truies qui se trouvent pleines.

On surveille avec soin la volaille.

On distribue aux lapins des fourrages secs, du son, etc.

On couvre les ruches avec de la paille s'il fait froid.

MOIS DE FÉVRIER

Agriculture. — Les labours pour les grains de printemps sont continués, et on termine ceux pour les récoltes sarclées.

On sème les féverolles, les blés dits de mars.

On commence le provignage, on répare les échalas, on taille la vigne.

On plante les mûriers.

On répare les rigoles, on en crée de nouvelles, on commence l'irrigation si le temps est doux.

On peut drainer si le temps n'est pas trop froid.

On entretient les fossés, on les cure, on répare les clôtures.

On exploite les bois, on coupe les taillis en têtards et les osiers.

On procède à l'échenillage.

On sème les pois, les oignons, la laitue. On découvre les artichauts s'il fait un temps doux.

On termine la taille des arbres à fruits à pépins commencée en janvier.

Hygiène. — La poulinière qui vient de mettre bas doit avoir d'abord une nourriture peu abondante, puis au bout de quelques jours l'alimentation devient croissante et variée.

Les animaux de l'étable, de la bergerie, de la porcherie reçoivent les mêmes soins qu'en janvier.

MOIS DE MARS

Agriculture. — On herse de nouveau les blés.

Les semailles de printemps se font presque toutes en mars : blé de printemps, avoine, vesce pois gris, lentille, luzerne, trèfle, sainfoin, lupuline, carotte, panais ou pastanade, chicorée, lin, tabac, etc.

Pour les prés nouveaux on ensemence des mélanges de grains.

On plâtre les trèfles, les sainfoins et les luzernes, etc., alors que ces plantes montrent quelques feuilles développées.

On défriche, on donne les premiers travaux de culture aux terres que l'on veut transformer en terres arables.

Il faut se hâter de terminer la taille de la vigne.

On achève la plantation des mûriers.

On plante les jeunes oliviers.

Les capriers qui ont été buttés pendant l'hiver sont déchaussés.

Le mois de mars est favorable aux semis des pins sylvestres et maritimes, de glands, de faîne, de châtaigne, etc.

On plante avec avantage, de 1 à 3 ans, le bouleau, l'aune, etc. ; de 3 à 6 ans, le châtaigner, l'orme, le frêne, l'érable, le sapin : de 4 à 8 ans, le chêne, le hêtre, le charme.

On sème les choux de Milan, la carotte courte. Les pois, les fèves, les oignons, les betteraves, les épinards.

les radis, le cerfeuil, le persil, etc., sont semés en place.

On sème, pour repiquer plus tard, les laitues, la chicorée, les porreaux, les ciboules, etc. On plante les pommes de terre.

En fin mars, on débutte les artichauts, on donne un second labour aux asperges.

On récolte la mâche ou doucette et l'oseille.

On termine la taille des arbres fruitiers.

Taille tôt taille tard, il n'est rien de tel que taille de mars.
S'il neige en mars, malheur aux fruits.

Hygiène. — On termine l'engraissement du bœuf.

On varie la nourriture des vaches laitières.

Il ne faut pas envoyer trop tôt aux pâturages les jeunes animaux, jusqu'à ce que l'herbe ait pris du corps.

On castre les porcelets mâles ou femelles qui ne sont pas destinés à la reproduction.

Dans la basse-cour, la ponte a plus d'activité.

On commence à arracher le duvet aux oies qui ne pondent pas.

La ponte des dindes est plus tardive.

Les soins à donner au rucher consistent à nettoyer les rayons à cause des moisissures, et à détruire les teignes.

MOIS D'AVRIL

Agriculture. — C'est l'époque de la première façon de la jachère. Ce premier labour s'appelle encore déchaumage. Il faut que le déchaumage soit terminé pour faire le second labour de jachère. Puis les hersages donnés à temps détruisent tout le gazon.

On herse les avoines semées en mars quand elles ont pris deux feuilles.

On herse le topinambour planté en mars.

On donne un premier binage aux féveroles, aux carottes.

On sarcle le lin.

On exécute les semis des orges, des betteraves, du maïs, du choux, etc.

On sème la luzerne, le trèfle rouge, dans une céréale de mars, d'autrefois aussi dans un blé.

On sème encore le trèfle blanc, le sainfoin, le lupin, la laitue, etc.

On plante la pomme de terre.

On fauche le seigle, l'orge semés pour fourrage.

On pratique au mois d'avril l'écobuage.

On nettoie, on irrigue les prés. On applique de la suie, des cendres.

On peut commencer les drainages.

L'ébourgeonnement de la vigne a lieu. Les échalas sont mis en place.

On coupe des mûriers les rameaux destinés à fournir les greffes en juin.

On bine les arbres tansplantés ainsi que les jeunes pousses de semis. On étête, on émonde. On exploite les taillis de chêne.

On termine les travaux du potager et du verger qui ont été recommandés en mars.

On fait des bordures de fraisiers, d'oseille, d'estragon.

Les haricots, les courges, les citrouilles sont semés à la fin avril.

Les arrosages sont pratiqués.

On récolte la laitue, l'oseille et les petits radis.

Ce mois favorise la greffe en fente.

On ne tarde pas à ébourgeonner.

Hygiène. — Il faut être approvisionné de betteraves, de carottes, de navets, de topinambours, etc., pour la nourriture du bétail, si l'on ne veut pas à cette époque de l'année être pris au dépourvu.

En mars, les prairies artificielles sont interdites au troupeau. Il en est de même, en avril, des prairies naturelles.

Les truies qui ont mis bas en février ou mars sont livrées à la saillie. On donne au porc de la laitue à couper.

La basse-cour exige des soins assidus. On donne une bonne nourriture aux jeunes poulets, du son et des herbes hachées aux canetons et aux jeunes oisons.

Les lapins reçoivent quelques herbes fraîches.

Quant au rucher, si le temps est doux, la reine des abeilles fait sa ponte, le nombre des abeilles augmente.

MOIS DE MAI

Agriculture. — Il est bon d'achever le hersage des pommes de terre, des orges, des avoines de printemps, et le sarclage des carottes, des topinambours, des choux, du lin, etc.

Les semailles de haricots, de chanvre, de colza de printemps, de maïs vert pour fourrage, de vesce de printemps, de sorgho, de millet, etc., se font en mai. Il en est de même des semis de citrouilles. Les choux rutabagas, les choux-raves, les choux navets sont semés en place.

On plante le tabac, on repique les choux de grandes espèces.

L'écobuage est continué par un temps sec.

Les travaux de drainage s'exécutent.

Les prairies son irriguées.

La seconde façon est donnée aux vignes au moyen de la bèche. On éxécute le premier soufrage des vignes.

Les mùriers sont ébourgeonnés, on en cueille chaque jour des feuilles.

Le binage des oliviers s'effectue.

Dans la culture forestière, on détruit par des sarclages les mauvaises herbes qui nuiraient au jeune plant.

On bine, on sarcle, on arrose le jardin potager. On récolte les asperges, les laitues, les radis. Les haricots à rame sont semés.

Dans le verger, l'ébourgeonnement est continué. La vigne est palissée en espalier, les abricotiers en contre-espalier.

Hygiene. — Les chevaux sont soumis au régime du vert. Cette nourriture est prise soit à l'écurie, soit à la prairie.

Les bestiaux sont conduits aux pâturages. Dans beaucoup de contrées on les fait pâturer dans les bois.

Le parcage des moutons commence parfois au mois d'avril. Il est préférable d'ajourner le parcage à l'époque où les nuits deviennent tièdes.

Les porcelets venus en mars et en avril sont sevrés. Les fourrages verts : trèfle et luzerne fauchés avant la floraison sont distribués aux porcs.

On doit tenir à l'abri du froid et de l'humidité les

petits poulets qui éclosent. Au bout de huit jours on les laisse libres avec leur mère.

Les oies sont conduites dans les pacages humides. On fait la première récolte du duvet.

On peut donner aux lapins de la chicorée sauvage et de la pimprenelle.

Dans les ruchers on récolte les essaims.

MOIS DE JUIN

Agriculture. — On donne avant la Saint-Jean le second labour dans la jachère. D'autres labours exécutés en ce mois préparent des terres pour quelques récoltes repiquées ou quelques semailles. Il est bon de réitérer les sarclages et les binages des pommes de terre, des betteraves, des carottes, des maïs, des féverolles, des haricots, du tabac, des choux-navets, des choux-raves.

Les semailles sont réduites au sainfoin, aux navets, au sarrasin, etc.

On fait les coupages des fourrages qui doivent être consommés en vert et on commence l'important travail de la fenaison.

La récolte du colza et de la navette se fait vers fin juin.

Les irrigations des prairies cessent quelques jours avant la fenaison.

On effectue le second soufrage des vignes, ordinairement dans la deuxième quinzaine de juin.

Les mûriers, dépouillés de leurs feuilles, sont taillés.

Les boutons à fruits des capriers sont récoltés avant leur développement.

Les pois, les fraises, les artichauts sont récoltés. Les laitues, les chicorées, etc., sont en plein rapport.

On bine, on sarcle les planches qui renferment des racines, des tubercules.

On récolte les cerises, les groseilles, les framboisiers.

Hygiène. — Il faut rafraîchir, par des farineux, les bêtes de travail, tenir proprement les étables, les écuries, etc.

Le régime du vert est continué en juin.

Les poulains venus de mars sont sevrés, les juments

qui ont mis bas à cette époque peuvent commencer à travailler.

Les agneaux venus de février ou de mars sont sevrés. Le parcage des moutons est continué.

La tonte des moutons se pratique en juin.

La laitue, les orties, le trèfle vert conviennent bien aux porcs.

On fait gonfler dans de l'eau du maïs et du froment que l'on donne aux dindonneaux.

Quant au rucher on chasse les papillons engendrant la fausse teigne.

MOIS DE JUILLET

Agriculture. — On fait subir aux terres fortes en jachère un troisième labour. Les terres qui ont porté le seigle, l'escourgeon, etc., sont déchaumées après la récolte. Les pommes de terre, le maïs sont buttés. On bine, on sarcle les carottes, les betteraves, les topinambours, les haricots, le tabac, etc.

On conduit du fumier sur les jachères et les terres destinées aux cultures dérobées.

Le sarrasin peut être semé après une récolte consommée en vert. Son grain peut mûrir en automne.

Les seigles, les orges, les avoines d'hiver sont moissonnés en juillet. Il en est de même du froment, des féveroles d'hiver, des pois jarats, des gesses, des vesces, du lin, du maïs fourrage, etc.

Après récolte, on recommence à arroser les prairies.

Si l'on s'aperçoit que l'oïdium n'est pas complètement détruit, on effectue le troisième soufrage des vignes.

Les feuilles d'orme et d'acacia sont récoltées. On procède à l'écorçage du chêne-liège, à la récolte de la merise, de la semence du saule blanc, des fleurs du tilleul, etc.

Les scorsonères, les poireaux, les choux que l'on repique en septembre et octobre, les haricots gris, les endives, la scarole, etc., sont semés.

Les fraises quatre-saisons produisent jusqu'aux gelées. Le potager fournit beaucoup de légumes.

Juillet est riche en fruits : abricots, framboises, pêches hâtives, poires d'été. Les arbres surchargés de fruits sont étayés.

Hygiène. — A cause des fortes chaleurs, il est bon de donner de temps en temps de l'eau blanchie aux chevaux.

Il ne faut pas laisser au pâturage les bestiaux et le jeune bétail pendant les heures les plus chaudes de la journée.

Les moutons sont conduits sur les chaumes après que les gerbes ont été enlevées. On sèvre et on tond les agneaux. La monte des brebis peut commencer dans la seconde quinzaine de juillet.

Pendant les fortes chaleurs on baigne les porcs.

Les jeunes coqs sont chaponnés. On fait provision d'œufs pour l'hiver.

Si la saison est précoce on récolte le miel. Pour cela, on asphyxie les abeilles ou on les change de rucher.

MOIS D'AOUT

Agriculture. — Les récoltes une fois enlevées on déchaume les terres, on laboure les terres destinées aux navets, au colza, on continue le binage des récoltes sarclées.

On conduit le fumier que l'on répand sur les terres pour le colza, le navet, etc. On agit de même pour la chaux, la marne sur les chaumes.

On sème la navette d'hiver en vue de la graine, la gesse chiche, la jarosse d'Auvergne, etc. On sème à demeure le colza.

On récolte le méteil, l'épeautre, l'orge de printemps, les pois gris et les vesces de printemps pour graine, l'avoine de printemps, le millet, les lentilles, etc. On coupe le maïs-fourrage, le chanvre, etc.

C'est l'époque favorable pour le drainage, l'assainissement des terres après récolte et avant le déchaumage.

Environ un mois avant la vendange on pratique le relevage des vignes qui n'ont pas d'échalas et l'épamprement qui consiste à dégager les raisins des feuilles et des petites branches.

On bine les oliviers, on récolte les amandes, les semences de bouleau. Les feuilles de charme, du frêne, de l'érable, de l'orme, des saules, du tilleul, etc. peuvent être données en nourriture au bétail.

Hygiène. — On sèvre les poulains âgés de 4 à 6 mois.

On peut leur donner comme nourriture journalière : 3 kilos de fourrage sec, 2 litres d'avoine et 1 litre de farine de seigle, d'orge ou de féveroles. La ration est augmentée à partir d'un an.

Une partie de la nourriture du bétail se prend aux prés.

On continue à conduire les troupeaux sur les chaumes.

Les bains sont encore continués pour les porcs.

On mène les oies, les dindons dans les chaumes. On leur donne le soir un supplément d'aliment vert, de la laitue par exemple.

On surveille le rucher afin d'empêcher les papillons de déposer leurs larves dans les gâteaux.

MOIS DE SEPTEMBRE

Agriculture. — L'époque des semences est arrivée.

Avant de donner le dernier labour on conduit sur les champs les fumiers destinés aux céréales d'hiver. Le labour de semailles peut se prolonger jusqu'en octobre et même plus tard. On sème le froment, le seigle, le méteil, l'orge d'hiver, l'avoine d'hiver, la vesce d'hiver, les féveroles d'hiver, etc.

Les plantes semées en pépinière au mois de juin sont repiquées en septembre : chou cavalier, chou de Flandres, chou branchu du Poitou, colza repiqué, etc.

Les pommes de terre sont récoltées à bras ou à la charrue. Les féveroles de printemps, le maïs, le sarrasin, les regains, la graine de trèfle sur une seconde coupe de fourrage, le tabac, le houblon, le safran, etc., sont récoltés.

Quelques jours avant de faucher les regains on suspend les irrigations.

On draine les terres destinées aux semailles d'hiver.
On draine les prairies après l'enlèvement des regains.

Le vigneron se met en mesure pour la vendange qui approche.

On greffe les mûriers à œil dormant.

On cueille les figues, les prunes, etc. Cette cueillette peut commencer au mois d'août.

Vers fin septembre on élague les arbres, on récolte les sorbes.

Tous les fruits donnent en abondance.

Hygiène. — On doit se garder de donner aux animaux du regain récemment récolté. La luzerne et autres fourrages verts entrent dans la nourriture des vaches laitières.

Les troupeaux qui pâturent dans des lieux humides sont susceptibles de contracter la pourriture.

Les porcs sont menés dans les bois pour les glands, les fruits sauvages.

On choisit dans la basse-cour les animaux dont on peut faire l'engraissement. Il faut surveiller les poules, les pigeons, à cause de la mue qui arrive en ce mois.

Si l'année a été malheureuse on nourrit les ruches que l'on veut conserver. On taille au contraire les ruches fortes dans les bonnes années.

MOIS D'OCTOBRE

Agriculture. — On effectue encore les semailles, puis les hersages.

L'arrachage de la betterave, des carottes commence en octobre. On récolte aussi le topinambour, le panais, les citrouilles, etc.

Avant les irrigations d'automne on répare les rigoles, les vannes, les canaux, etc.

On vendange. On fabrique le cidre.

On laboure les terrains devant recevoir une plantation de mûriers.

Les olives sont récoltées ainsi que les noix, les noisettes, les nèfles, etc.

On sème en place des épinards, du cerfeuil, des mâches. Les tiges d'asperges sont coupées au niveau du sol. Le potager est fourni de choux, de chicoré, de céléri, etc.

On peut commencer les semis d'arbres fruitiers.

Hygiène. — Les poulains sont menés au pâturage après les rosées et les brouillards. Mêmes observations pour les chevaux. Les vaches laitières sont plus fortement nourries à l'étable à cause de la pénurie d'aliments pris au dehors.

L'engraissement du gros bétail peut commencer.

Pour les moutons on leur donne une nourriture plus abondante à l'étable. C'est que le parcage s'avance.

Les porcs sont encore envoyés à la glandée.

L'engraissement de la volaille est continué.

Il est bon d'empêcher les abeilles de sortir à l'époque des vendanges. Les cuves leur seraient funestes.

MOIS DE NOVEMBRE

Agriculture. — Les labours d'hiver sont commencés en novembre.

Les navets, les raves, le chou branchu, etc., sont récoltés.

Les fossés sont curés. On exécute encore les travaux de drainage si le temps le permet.

Les irrigations d'automne commencées en octobre peuvent être continuées.

Après la vendange, les échalas sont arrachés.

On effectue encore la plantation des mûriers.

On récolte les châtaignes.

L'exploitation des taillis est commencée.

Le céléri, la chicorée, la scarole sont couverts de litière.

Fin novembre est l'époque qui convient le mieux pour planter les arbres fruitiers.

Hygiène. — Les juments qui ont été saillies doivent être bien soignées.

En novembre, la conduite du gros bétail au pâturage doit cesser.

L'engraissement des bœufs a lieu.

Les moutons ne sont plus envoyés au pâturage.

L'engraissement du porc se continue. La nourriture doit être variée.

La volaille ne trouve plus rien au dehors, on lui augmente sa ration. L'engraissement des oies est entrepris.

Les ruches que l'on veut garder pour l'année prochaine doivent être bien soignées.

MOIS DE DÉCEMBRE

Agriculture. — Les champs ensemencés doivent être surveillés. On entretient les sillons d'écoulement et on évite le séjournement des eaux.

Si les gelées ne s'y opposent pas on fait des trous pour les plantations de printemps d'arbres forestiers.

On coupe les futaies pour les bois de construction ou de service.

Les travaux du potager sont suspendus.

Hygiène. — Nous recommandons particulièrement l'emploi des carottes pour la nourriture des chevaux.

Pour que les animaux ne souffrent pas du froid, il est bon de les couvrir et de leur augmenter la litière.

Pour favoriser l'élévation de la température des étables on laisse le fumier séjourner plus longtemps.

Dans le nord les troupeaux ne sortent plus. Il n'en est pas ainsi dans le centre et dans le midi. Quand il fait beau on les conduit sur les champs de céréales à végétation trop vigoureuse. Néanmoins il est nécessaire de surveiller les troupeaux si l'on veut éviter la pourriture, le piétin, etc.

L'engraissement du porc est achevé. Le nombre des repas est augmenté et les portions sont diminuées.

L'engraissement des oies est continué. On pratique celui des dindons et des dindes.

Pour ne pas les exposer au froid, on abrite les ruches en les couvrant de paille.

LIVRE SUPPLÉMENTAIRE

DE L'HYGIÈNE

Dans ses Rapports avec la Profession Agricole.

AVANT-PROPOS

La prospérité agricole est intimément liée à l'état de santé des agriculteurs. Aussi avons-nous cru devoir donner ici une petite place à quelques considérations sur l'hygiène dans ses rapports avec la profession agricole. Nous avons fait suivre ces considérations de l'indication des moyens propres à imprimer une bonne direction à l'éducation physique des enfants. De plus, en raison de la fréquence des maladies dans le jeune âge, et de leur brusque apparition, nous avons signalé les affections principales de l'enfance, en indiquant les moyens les plus prompts à employer pour en arrêter le développement en attendant les secours médicaux souvent éloignés de la demeure de l'agriculteur.

PREMIÈRE PARTIE

Considérations générales sur l'hygiène des campagnes.

—

HABITATION. — VÊTEMENT. — RÉGIME ALIMENTAIRE

L'air libre, les habitations rurales souvent imparfaites, les marais, les fumiers et les miasmes qu'ils dégagent sont, d'après le savant hygiéniste Michel Lévy, autant d'influences générales dont l'homme des champs ressent différents effets suivant le genre de travaux auxquels il se livre : Elève des bestiaux, vie pastorale, labours, vignobles, pêcheries, défrichements, etc. Ces effets dépendent encore de la durée du travail journalier, de la relation qui existe entre l'effort que demande le travail et la complexion du travailleur, de la qualité de la nourriture, de la nature du sol et de ses émanations, des qualités météorologiques de l'air, de la spécialité des cultures, etc.

L'ouvrier des champs est dans une aisance proportionnellement plus grande que l'ouvrier des villes, l'industrie étant sujette à des chômages et le revenu de celle-ci étant moins certain que celui des exploitations agricoles.

L'habitant des campagnes est plus grossièrement vêtu que celui des villes. Il est aussi plus frugalement nourri.

L'alimentation de l'homme des champs varie beaucoup d'une contrée à l'autre. En Bretagne, elle se compose de bouillies, galettes de sarrasin, pain de froment, de seigle ou d'orge, de pommes de terre, de beurre, de lait, et une fois par semaine de viande de bœuf ou de porc salé.

Dans la Haute-Garonne il consiste en légumes, en salé, en pain de froment et en bouillie de maïs (en patois languedocien *millas*).

Dans le Nord le paysan déjeune avec du lait, du pain et du beurre, dîne avec la soupe au lard et aux légumes, goûte avec du pain et du beurre, et soupe avec une bouillie ou une salade.

Dans le département de l'Isère : soupe aux légumes,

lait, fromage, pommes de terre, œufs, salade, deux fois par semaine du salé.

Dans le Tarn, pain de blé ou de seigle, millas grillé quelquefois, farine de sarrasin, pommes de terre, soupe à la viande de porc ou d'oie salés.

Dans les Landes : pain noir (seigle ou maïs) mal pétri, sardines, soupe aux légumes et au lard rance, bouillie de maïs ou de millet appelée *escauton*, etc. Aux époques de l'année où le travail devient excessif (fauchaison, moisson, vendanges, battage des grains, tabourages d'automne et semailles) la nourriture devient un peu plus abondante et un peu de vin s'ajoute aux repas, luxe à peu près inconnu il y a 150 ans.

VILLAGES ET BOURGS

Nous ne pouvons ici passer sous silence les influences nuisibles qui pèsent sur les agglomérations rurales (villages et bourgs). Ces influences se résument dans deux faits prépondérants : Le vice des constructions et la nécessité de l'engrais.

Beaucoup d'habitations, en effet, ne protègent ni de la chaleur ni du froid. Leur plancher, souvent au niveau du sol, sans cave sous-jacente, s'imprègne de toutes sortes de déjections.

En outre, les produits résultant d'une combustion incomplète et qui se dégagent d'un âtre fumeux; l'amoncellement des fumiers autour des habitations laissant subsister des mares fétides dont les infiltrations vont souvent corrompre les eaux des puits qui servent à l'alimentation ; des étables d'où l'on ne retire qu'une fois par semaine les matières solides, en laissant le sol dépourvu de dallage s'imprégner des liquides excrémentitiels; les porcheries, les bergeries avec leurs monceaux d'immondices et leurs émanations putrides, sont autant de causes sur l'influence fâcheuse desquelles il est inutile d'insister.

Le mauvais état des chemins ruraux également lié à la nécessité de produire du fumier est encore une cause d'infection contre laquelle l'autorité compétente doit lutter d'une façon incessante. Cette même autorité ne pourrait-elle encore intervenir efficacement pour exiger le maintien d'une certaine propreté autour des habitations et imposer dans une certaine limite des conditions conformes à l'hygiène pour toutes les constructions nouvelles ?

NATALITÉ. — MORTALITÉ. — MORBIDITÉ

Malgré les émigrations urbaines, le nombre des naissances dans les campagnes est plus grand que dans les villes.

La durée de la vie est aussi plus considérable dans les campagnes que dans les villes, et dans les petites villes que dans les grandes où l'air est moins pur et où il y a plus de misère.

Les épidémies propagées par les villes ont des effets plus meurtriers dans les hameaux et les villages que dans les villes mêmes. La disposition vicieuse des maisons, l'encombrement, le manque de soins éclairés, la privation ou le retard d'une direction médicale expliquent cette différence.

CULTURE INTELLECTUELLE

La fréquentation de l'ouvrier des champs nous montre l'influence torpide que les travaux agricoles exercent sur l'intelligence.

Il n'est pas rare de voir les agriculteurs absorbés par l'idée de la propriété, ne priser leurs enfants que pour le secours qu'ils en tirent, aussi faut-il qu'une loi les force de les envoyer à l'école.

L'action favorable que peut exercer sur eux l'instruction et le contact des sentiments généreux n'est pas à démontrer.

DEUXIÈME PARTIE

Education physique de l'enfant.

ALLAITEMENT

Allaitement maternel. — Plus de mères qu'on ne le croit généralement peuvent nourrir leurs enfants, et bien des femmes douées d'une santé délicate s'en acquittent à merveille, malgré les troubles que peuvent entraîner pour leur santé les exigences quelles qu'elles soient de leur condition sociale. Cependant, comme il est des cas où la mère, en raison de sa santé, ne peut absolument nourrir son enfant, il importe d'apprécier avec le plus grand soin, et en prenant l'avis des hommes de l'art, les circonstances susceptibles de permettre ou d'interdire l'allaitement maternel.

Causes principales d'incapacité : Phtisie pulmonaire, affections dartreuses, affections scrofuleuses, vice de conformation de la glande mammaire, absence de lait, etc., etc.

Allaitement par les nourrices. — Lorsqu'on est obligé d'avoir recours à une nourrice, celle-ci doit avoir une constitution saine et vigoureuse, le tempérament sanguin. Sa santé doit être exempte de toute tare héréditaire ou personnelle. Son caractère doit être enjoué, son humeur gaie; et à ces qualités doivent s'ajouter une moralité exempte de reproches, et le désir de bien remplir ses devoirs.

Dans la pratique il ne faut point espérer rencontrer ce type parfait de la nourrice. On tâchera seulement de s'en rapprocher le plus possible.

Avant de fixer son choix, il ne faudra pas négliger de faire examiner la nourrice par un médecin qui appréciera les circonstances tirées de son état physique susceptibles d'influer sur la santé de l'enfant, et aidera la famille à éviter un choix malheureux.

Allaitement artificiel. — Il est des cas où l'enfant ne pouvant être nourri par la mère, il est en même temps très difficile de lui donner une nourrice. On a recours alors à l'allaitement artificiel qui est loin d'être exempt de dangers, comme le prouve la mortalité qui pèse sur les enfants qui y sont soumis.

L'appareil le plus en usage pour l'allaitement artificiel est le biberon. Le plus simple et le meilleur est celui qui est le plus commode à nettoyer. On peut en fabriquer un soi-même en prenant une fiole de verre de 150 grammes environ, et en la fermant incomplètement avec un cylindre de vieux linge roulé sur lui-même. Les efforts de succion de l'enfant déterminent un afflux de lait suffisant pour sa nourriture.

Le lait d'ânesse est celui qui par sa composition se rapproche le plus du lait de femme, mais il est dispendieux, difficile à trouver quelquefois. Aussi l'usage du lait de vache a prévalu dans la pratique.

Les premiers mois, le lait sera coupé avec de l'eau de gruau, de riz ou même, ce qui vaut mieux, de l'eau simple. Les proportions du liquide varieront suivant l'âge de l'enfant.

Vers 3 ou 4 mois le lait ne contiendra plus que la moitié d'eau, un tiers seulement vers 6 ou 8 mois, et l'on diminue encore cette dose de façon à donner un lait pur en s'approchant du sevrage.

HABILLAGE

Le maillot doit être proscrit. Les vêtements de l'enfant seront amples et aisés partout, parce que la raison et la nature l'exigent. Ils consisteront en une chemisette de toile, une brassière de laine ou de coton ouverte par derrière, un fichu, une robe, des chaussettes de laine tricotées, et des couches en toile ou en flanelle.

Les bonnets seront fort légers, amples et dépourvus de cordons qui ont pour résultat la compression de la tête, la meurtrissure et la déformation des oreilles.

L'usage de la flanelle appliquée sur la peau sera réservé aux enfants chétifs. Il serait nuisible aux enfants sains et vigoureux.

Les vêtements seront exposés tous les jours au grand air qui les purge de toutes les impuretés qui sont le produit des sécrétions de la peau.

Un vêtement, des langes souillés devront être immédiatement remplacés.

BERCEAU DE BERCEMENT

Le sommeil tient une grande place dans l'existence de l'enfant. Le berceau sera de préférence en fer. Quant à la literie elle se composera d'un matelas et d'un oreiller de crin, d'une paillasse garnie de fougère ou de varech. La plume qui s'imprègne de sueur en provoquant une transpiration nuisible à la santé doit être absolument rejetée.

L'habitude du bercement est un esclavage pour la mère ou la nourrice de l'enfant qui n'en tire aucun profit. D'ailleurs, le sommeil ainsi provoqué n'est pas aussi réparateur que celui qui vient naturellement.

L'enfant sera tenu dans la partie la plus saine de la maison, l'appartement qu'il occupera sera bien éclairé, aéré et exposé si c'est possible au soleil levant. Un proverbe italien dit : « Où n'entre pas le soleil entre souvent le médecin. » Et c'est bien vrai.

L'enfant devra être promené tous les jours, et quand le mauvais temps ou d'autres causes rendront la promenade impossible il ne devra jamais rester confiné dans son berceau. Il sera suivant son âge ou promené dans la chambre ou étendu sur un tapis sur lequel il prendra ses ébats.

SOINS A DONNER A LA PEAU

La négligence que l'on apporte à entretenir la peau dans un parfait état de propreté est souvent la cause de certaines maladies. Aussi faut-il employer dans ce but les lotions et les bains. Les lotions seront faites à l'eau tiède qui nettoie mieux que l'eau froide. Quant aux bains ils doivent varier de température selon l'âge de l'enfant et cette température devra être de moins en moins élevée. Il est nécessaire que le bain soit pris à jeun, et la tête devra toujours être mouillée la première avec une éponge. Nous savons tous, en effet, combien nous nous trouvons mieux de nous laver d'abord la tête lorsque nous prenons un bain de mer. Les lotions terminées, ou le bain une fois pris, il importe de bien essuyer l'enfant, en le mettant à l'abri de toute cause de refroidissement.

Le bain peut être quotidien mais il ne doit pas durer plus de quelques minutes.

DENTITION

L'évolution des dents se fait par groupes dont l'éruption est toujours suivie d'un temps d'arrêt variant de 1 à 2 mois.

Dans les cas où la dentition se fait facilement, l'enfant est moins gai, il porte ses doigts et tout ce qu'il peut saisir à sa bouche. La salive coule abondamment hors de la bouche, et il y a souvent un peu de diarrhée.

Il suffit alors de frictionner les gencives avec un peu de miel et éviter de trop couvrir la tête de l'enfant. On a l'habitude de donner aux enfants qui souffrent des gencives des hochets souvent très-durs. Le meilleur et le plus pratique est une croûte de pain.

Dans les cas où la dentition est pénible, le dérangement de corps est considérable et peut compromettre la santé de l'enfant. Il faut alors combattre cette diarrhée par les moyens ordinaires que nous indiquons plus loin.

Il faut s'en rapporter au médecin pour ce qui touche à l'opportunité de l'incision de la gencive.

DU SEVRAGE

Le sevrage ne doit être ni prématuré ni trop tardif. Il sera effectué après la période d'évolution d'un groupe dentaire, et autant que possible après l'évolution des dents canines : l'enfant ayant alors 16 dents et environ 18 mois, il n'y a pas à craindre les troubles de la dentition, l'enfant étant désormais assez vigoureux et pouvant supporter le changement qui va survenir dans une alimentation sans aucun danger pour sa santé.

L'enfant une fois sevré, son régime se rapprochera de plus en plus du régime ordinaire de la vie commune. On aura soin d'éviter les viandes épicées, les pâtisseries dont la digestion est souvent difficile, les substances excitantes telles que le café : Le vin donné dans de certaines conditions peut rendre des services dans le jeune âge. Hippocrate dit qu'il faut le donner aux enfants aussi coupé d'eau qu'il est possible.

Tout le monde sait que l'enfant ne peut faire des repas assez copieux pour qu'il soit permis d'en réduire le nombre à trois ou même à deux comme chez un adulte. En conséquence, les repas de l'enfant seront plus nombreux. Ils devront être cependant suffisamment espacés et toujours réglés.

TROISIÈME PARTIE

Conduite à tenir dans les maladies du jeune âge, que ces maladies nécessitent ou non l'intervention du médecin.

BLESSURES ET COUPURES LÉGÈRES

La plupart des blessures légères chez les enfants proviennent de chûtes. Les parents ne doivent pas avoir l'air effrayé en les remettant sur leurs pieds. Et après s'être bien assurés qu'ils n'ont qu'une bosse ou une écorchure insignifiante, les laisser reprendre leurs jeux.

Il en est de même pour les blessures produites souvent par des instruments tranchants. Quand il n'y a point d'hémorrhagie, il suffit de rapprocher les bords de la blessure avec un peu de taffetas d'Angleterre. S'il y a hémorrhagie, on devra tremper un peu de charpie dans un peu de perchlorure de fer étendu, l'appliquer sur la plaie, superposer une rondelle d'amadou, serrer le tout avec un mouchoir ou une bande.

BRULURES

Les brûlures sont très-douloureuses et produisent chez l'enfant un ébranlement nerveux assez notable contre lequel on agit en appliquant immédiatement un peu d'eau froide. On enveloppe ensuite la partie brûlée dans de la ouate de coton et on laisse ce pansement à demeure jusqu'à ce que la cicatrisation soit complète.

CORYZA

Le rhume ordinaire n'a pas de gravité chez l'enfant qui prend bien le sein et dont la voix n'est pas altérée. Le rhume de cerveau (coryza) est plus sérieux, il intercepte le passage de l'air dans le nez dont la muqueuse est gonflée et gêne considérablement la respiration de l'enfant qui tette. L'enfant sera tenu chaudement et l'on passera sur l'orifice de ses narines un peu d'huile d'olives ou d'amandes douces. Si le rhume atteint la poitrine et amène de l'oppression, on administrera par cuillerées à café et de 5 minutes en 5 minutes, jusqu'au vomissement, la préparation suivante :

Ipeca.......... 30 centigrammes.
Sirop d'ipeca ... 30 grammes.

Cette préparation est utile dans presque toutes les maladies des enfants.

VOMISSEMENTS

Beaucoup d'enfants vomissent tout en venant trèsbien. Aussi ne faut-il pas ajouter trop d'importance à cette indisposition souvent due à une trop grande ingestion de lait ou d'autres aliments. Il y aura donc lieu de régler les repas de façon qu'ils ne soient ni trop copieux, ni trop nombreux. Il importera également, lorsque l'enfant est à la mamelle, de s'assurer de l'état de santé de la nourrice.

CONSTIPATION

L'air et l'exercice activent le jeu de l'intestin. La dérogation aux lois de l'hygiène engendre souvent de la constipation contre laquelle on devra d'abord lutter chez l'enfant par la promenade, l'exercice, les bains donnés en frictionnant doucement le ventre avec la main, surtout du côté gauche où sont accumulées les matières.

Quand ces moyens échouent on peut avoir recours, selon le cas, soit à des lavements émollients, soit à la mixture suivante :

Sirop de chicorée } parties égales.
Huile de ricin... }

dont on donnera une ou plusieurs cuillerées à café suivant l'âge de l'enfant, en ayant soin d'agiter au préalable la bouteille qui renferme la préparation.

CROUTES DE LAIT OU IMPÉTIGO

Cette affection qui se présente sous la forme de croûtes jaunâtres a son siège à la face ou au cuir chevelu, quelquefois aux deux en même temps.

Dans le peuple le remède est bien simple, l'on applique un vésicatoire et tout est dit.

Bien des personnes se figurent qu'il ne faut point chercher à guérir les croûtes de lait. C'est une erreur; la guérison de l'impétigo n'amène aucun accident.

On fera tomber les croûtes au moyen de cataplasmes de fécule ou de mie de pain. Après cela on saupoudrera la tête de poudre d'amidon ou de pommade de concombre. Si la maladie résiste à ce petit traitement, on emploiera la pommade suivante :

Goudron 8 grammes.
Axonge. 4 grammes.

Quand l'état général de l'enfant atteint de cette affection est défectueux, on aura recours aux amers et aux toniques. On emploiera également le sirop anti-scorbutique, l'huile de foie de morue, etc. Il sera bien rare que l'impétigo résiste à cette médication.

VERS INTESTINAUX

Contrairement à ce que font beaucoup de mères et de nourrices qui à la moindre indisposition de l'enfant lui administrent un vermifuge, il faut avant d'agir s'assurer que l'enfant a bien réellement des vers. On reconnait qu'un enfant a des vers aux symptômes suivants : paresse et humeur inégale de l'enfant, prurit continuel au nez, troubles digestifs (diarrhée ou constipation), sommeil troublé et accompagné de grincements de dents ; enfin on remarque des vers ou des fragments de vers dans les selles de l'enfant.

A part ce dernier symptôme qui est entre tous le plus certain, chacun des phénomènes isolés que nous venons de signaler n'indique d'une façon sûre la présence de vers chez l'enfant, leur réunion, au contraire, rend la présence des vers très probable et indique par conséquent qu'il faut administrer un médicament approprié, soit le semen-contra bien connu de toutes les mères, soit la préparation suivante :

Mousse de Corse 2 grammes, jetez dessus :

Lait bouillant 100 grammes, passez, sucrez.

Cette préparation doit être prise à jeun, et en une fois pour un enfant de 2 ans.

Avant tout traitement, l'hygiène indique qu'il faut changer le régime de l'enfant, supprimer le lait, les farineux et les crudités.

MUGUET

Le muguet est une maladie due à un champignon, l'oïdium albicans. Elle est caractérisée par de petits points blancs qui se montrent à la partie interne des lèvres, des joues, sur la langue, au palais, et qui ressemblent à des grains de semoule.

Cette affection est commune dans les premiers mois de la vie. Plus tard elle est l'expression d'un mauvais état général. Elle ne fait d'assez grands ravages que dans les hôpitaux d'enfants ; elle est moins dangereuse chez les enfants qui vivent dans leur famille.

Si l'enfant est au sein, il faut le sevrer entièrement pour un certain temps.

S'il est sevré, on doit le tenir à la diète lactée pendant quelques jours, en lui donnant du lait frais bouilli en été, non bouilli en hiver.

Quand cette maladie se déclare chez un enfant élevé au biberon, on est étonné de la rapidité de la guérison obtenue en donnant à l'enfant une nourrice.

On portera en outre, trois fois par jour, avec un pinceau à aquarelle, la préparation suivante sur les parties affectées :

Borax.... 5 grammes.
Miel..... 20 grammes.

ENGELURES

Les engelures, assez connues pour qu'il soit inutile d'en donner ici une description, sont combattues par les frictions à la teinture de benjoin, ou baume du Pérou.

Quand il y a des petites fissures ou crevasses, on doit faire usage de la pommade suivante :

Précipité blanc. 2 grammes.
Axonge....... 15 grammes.

Quand la constitution de l'enfant n'est pas très-bonne on donne en même temps du sirop de gentiane, du sirop antiscorbutique.

Si l'enfant a dépassé 3 ans on préfèrera l'huile de foie de morue et les préparations d'iodure de fer.

CONVULSIONS

L'extrême sensibilité du système nerveux chez les enfants rend les convulsions très-fréquentes dans le jeune âge. Quand un accès convulsif se déclarera chez un enfant, il faudra rechercher s'il n'est pas dû à une des causes suivantes : Le froid, la disparition subite d'une éruption, la douleur causée par la piqûre d'une épingle mal placée ou des langes trop serrés, une dentition difficile, des vers intestinaux, une contrariété, la colère ou la peur. Les émotions morales chez les nourrices peuvent également déterminer des accès convulsifs chez le nourrisson par suite du trouble de la sécrétion lactée. Chez certains enfants qui sont très-impressionnables les excitations en apparence les plus innocentes peuvent amener des convulsions. Il importe de soustraire, le plus tôt possible, l'enfant à l'action des causes supposées de son indisposition.

Très-souvent les convulsions sont dues à la dentition. Dans ce cas il faut mettre l'enfant dans un bain à 30° centigrades et l'y laisser pendant 1/4 d'heure ou plus, jusqu'à la fin de la crise, l'essuyer ensuite avec soin et l'envelopper dans une couverture de laine.

Ces accidents se développent encore sous l'influence d'une ingestion trop considérable d'aliments. Dans ce cas, il y a indication de faire vomir l'enfant en lui donnant suivant l'âge 1, 2 ou 3 cuillerées de sirop d'ipeca.

Il est d'ailleurs des soins qui conviennent aux convulsions de toute espèce. En attendant les secours de l'art il sera toujours bon d'appliquer des sinapismes aux jambes, de frictionner la poitrine, le ventre, l'épine dorsale avec une flanelle. Les compresses d'eau froide sur la tête, les lavements au sel de cuisine ou à l'huile d'olive pourront aussi rendre de grands services. Si l'enfant peut avaler, on lui donnera quelques cuillerées d'eau de fleurs d'oranger.

Par ces petits soins on sauve certainement bien de jeunes enfants qui semblaient voués à la mort, en l'absence des secours médicaux.

CROUP ET FAUX CROUP

Les débuts de cette affection si redoutée des mères passent quelquefois inaperçus et n'empêchent pas l'enfant de continuer ses jeux. Les premiers symptômes consistent, en effet, en une certaine tuméfaction douloureuse des amygdales, de la toux, un certain degré de courbature et de fièvre, celle-ci étant souvent très-peu marquée. L'enfant avale et respire sans difficulté. Quand la maladie est plus avancée, la fièvre augmente, la déglutition devient très-difficile, et la toux qui est très-prononcée devient sourde, rauque ; son timbre a été comparé à l'aboiement d'un jeune chien ou au cri du coq.

Au bout d'un certain temps le visage de l'enfant devient rouge, et la respiration devient très-difficile et sifilante.

La marche rapide de cette terrible maladie prouve combien il est important d'habituer les enfants à l'examen de la gorge. Pour arriver à ce résultat les parents leur feront ouvrir largement la bouche et lui feront faire une large inspiration. Quand sur le voile du palais ou sur les amygdales ils constateront soit une tuméfaction de ces organes, soit la présence de petits points blancs, bien que cela ne signifie point que l'enfant a nécessairement le croup, ils feront appel au plus vite à l'intervention médicale.

Le croup peut survenir isolément chez un enfant. Il est dit en ce cas croup sporadique. Il peut suffire alors de prendre des précautions contre les refroidissements, d'éviter de laisser les enfants dans les jardins ou sur les promenades, et de les vêtir convenablement suivant l'âge dans lequel ils se trouvent, et aussi suivant la vigueur de leur constitution.

Contre le croup épidémique les moyens d'action sont malheureusement peu nombreux et beaucoup entre des mains inexpérimentées pourraient compromettre la vie de l'enfant. Transportez l'enfant hors le foyer épidémique, appelez le médecin, et dans le cas où celui-ci tarderait trop à venir, contentez-vous de donner quelques boissons adoucissantes, et au besoin deux ou trois cuillerées de sirop d'ipeca, qui en provoquant le vomissement soulageront votre petit malade.

Le faux croup ne ressemble au croup que par les caractères de la toux qui survient d'habitude la nuit et par quintes. L'enfant a la respiration difficile, sifilante et son agitation est excessive. Peu à peu les accidents s'amendent et disparaissent complètement. Un vomitif et, après que celui-ci aura produit son effet, quelques gouttes d'éther dans 1/4 de verre d'eau sucrée aideront à combattre cette affection due à un trouble du système nerveux.

COQUELUCHE

Le nom de cette affection vient de ce qu'autrefois ceux qui étaient atteints de cette maladie se couvraient la tête d'un capuchon ou coqueluchon.

Cette maladie est contagieuse. Elle est caractérisée par des quintes de toux convulsives et d'une durée plus ou moins longue. Au milieu de ces quintes survient une inspiration violente et sonore ressemblant au cri du coq. Cette inspiration est suivie de mouvements brusques, saccadés, et d'une bruyante expiration qui se termine par un vomissement ou une émission de glaires. A ces signes se joint encore la présence d'une ulcération sur le frein de la langue.

Le changement d'air a une action très-évidente pour soustraire les enfants à l'action épidémique ou pour parachever leur guérison, mais une fois la maladie déclarée, un changement d'air ne peut en arrêter le cours. Dans tous les cas on préservera les petits malades du froid et de l'humidité en leur donnant des boissons chaudes et mucilagineuses.

PNEUMONIE OU FLUXION DE POITRINE

Cette affection, contrairement à ce qui a lieu chez l'adulte, survient très souvent chez l'enfant pendant le cours d'une autre maladie. Pendant le cours d'une simple bronchite ou d'une rougeole, par exemple, l'enfant prend le sein avec moins de plaisir, la toux augmente, la respiration s'accélère, la température s'élève, les lèvres et la langue se couvrent de croutes brunâtres et l'auscultation de la poitrine ne laisse plus le moindre doute au médecin. En attendant l'arrivée de ce dernier, l'enfant sera tenu chaudement, on lui administrera des boissons chaudes et mucilagineuses, et on diminuera la quantité de son alimentation sans toutefois le mettre à la diète absolue si préjudiciable aux enfants. On se trouvera bien également des bains de pieds à l'eau de savon ou de cendres de bois.

DYSSENTERIE

De vives coliques, un besoin pressant et douloureux d'aller à la selle, la fréquence de ce besoin, les garde-robes fétides et sanguinolentes, tels sont les signes auxquels on reconnaît la dyssenterie.

Cette affection peut être épidémique. Dans ce cas il faut s'éloigner du pays de l'épidémie et empêcher tout contact avec les personnes déjà atteintes. Un refroidissement, l'ingestion de trop grandes quantités d'eau, de fruits froids ou mal mûrs peuvent occasionner cette maladie, à laquelle on opposera d'abord les moyens hygiéniques et qui sera efficacement combattue, en attendant l'arrivée du médecin, par les bains de siège, les cataplasmes laudanisés sur le ventre, l'eau albumineuse pour boisson.

DIARRHÉE

Cette affection n'a point de gravité quand elle n'est que passagère. Quand sa durée se prolonge, que les selles de l'enfant au lieu d'être jaunes sont verdâtres et mal liées, il y a lieu d'intervenir. Mais comme certaines substances telles que le bismuth, l'opium, etc. ne peuvent être données que sur l'ordre du médecin, en raison de la compétence nécessaire pour juger de leur emploi, on se contentera de modifier en conséquence le régime de l'enfant et l'on aura recours aux moyens que nous avons déjà indiqués en parlant de la dentition. Les soins de propreté ont une grande importance; et après chaque évacuation les tout jeunes enfants seront lavés à l'eau tiède et saupoudrés de poudre de lycopode ou d'amidon.

Cette affection prend souvent chez les enfants une gravité exceptionnelle en raison de laquelle on ne saurait trop se hâter d'avoir recours à l'intervention du médecin.

PHARMACIE DOMESTIQUE

Farine de graines de lin..............	500 grammes.
Toile vésicante (dans un étui métallique)	50 centimèt.
Un rouleau de diachylum dans un étui.	
Une boîte de sinapisme (papier Rigollot)	
Coton en rame.....................	
Charpie..........................	
Alcool à 90°......................	250 grammes.
Ammoniaque liquide...............	100 grammes.
Acide phénique cristallisé...........	25 grammes.
Azotate d'argent..................	un crayon.
Eau blanche......................	500 grammes.
Eau de chaux médicinale............	1 flacon.
Ether............................	1 flacon.
Poudre d'ipécacuanha en paquets de..	0.30 centigr.
Emétique en paquets de.............	0,05 centigr.

Calomel en paquets de............. 0,10 centigr.
Laudanum de Sydenham............ 1 flacon.
Sous-nitrate de bismuth.............. 20 grammes.
Magnesie.......................... 25 grammes.
Sulfate de quinine.................. 2 grammes.
Solution de perchlorure de fer à 30°.... 1 flacon
Chloroforme........................ 10 grammes.

Ces médicaments qui devront être préparés et étiquetés par les soins du pharmacien seront placés chez l'agriculteur à l'abri de toute atteinte de la part des enfants, et la clef en sera toujours confiée à la personne qui a le plus de droits à cette confiance. Le médecin sera heureux de trouver à son arrivée des moyens d'action, et toute la famille, ainsi que le personnel employé au service de l'agriculture en recueilleront le bénéfice.

TABLE DES MATIÈRES

LIVRE I

TERRES. — PLANTES. — ANIMAUX. — SAISONS. — CLIMATS.

LIVRE II

AMÉLIORATION DES SOLS : ENGRAIS. — IRRIGATIONS. DESSÈCHEMENTS. — LABOURS. — DÉFRICHEMENTS.

LIVRE III

CULTURES SARCLÉES. — CULTURE DES CÉRÉALES. — CULTURE DES PLANTES INDUSTRIELLES. — PATURAGES. PRAIRIES. — ASSOLEMENTS.

LIVRE IV

LES ARBRES FORESTIERS. — LES ARBRES A FRUITS. LES JARDINS.

LIVRE V

HYGIÈNE DES ANIMAUX. — CHEVAL. — ANE. — MULET. BARDOT. — BOEUF. — MOUTON. — CHÊVRE. — PORC. CHIEN. — LA BASSE-COUR. — ABEILLES. — VERS A SOIE. — POLICE SANITAIRE. — VICES RÉDHIBITOIRES. — MALADIE DES ANIMAUX DOMESTIQUES. — PHARMACIE DE LA FERME.

LIVRE VI

COMPTABILITÉ AGRICOLE. — PROMENADES AGRICOLES

LIVRE SUPPLÉMENTAIRE

DE L'HYGIÈNE DANS SES RAPPORTS AVEC LA PROFESSION AGRICOLE

Brive. — Imprimerie Marcel ROCHE, avenue de la Gare.

www.ingramcontent.com/pod-product-compliance
Lightning Source LLC
LaVergne TN
LVHW020644200726
843508LV00002B/656
9782329793702